100 Prozent Haus

Christoph Jaskulski
Volker Hinz

Das Billionen-Projekt

Impressum:
Bibliografische Information der Deutschen Nationalbibliothek:
Die Deutsche Nationalbibliothek verzeichnet diese Publikation in der Deutschen
Nationalbibliografie; detaillierte bibliografische Daten sind im Internet über http:// dnb.dnb.de abrufbar.

© 2025 Christoph Jaskulski - Volker Hinz

Verlag: BoD · Books on Demand GmbH, In de Tarpen 42, 22848 Norderstedt, bod@bod.de
Druck: Libri Plureos GmbH, Friedensallee 273, 22763 Hamburg

ISBN: 978-3-7693-7724-8

Wir schreiben dieses Buch, weil wir die
wahrhaftige Kraft haben,
die überall sichtbaren
Minus-Billionen-Hauswerte
in
Plus-Billionen-Hauswerte
umzuwandeln.

Hierzu braucht es junge Menschen mit ge-
sundem Menschenverstand, welche neutral, objektiv und sachlich unser

Haus

in eine 100% Qualität bringen!

Das Buch lässt die ganze Baubranche
kollabieren. Die gesamte Baustoff- und
Dämm- Industrie wird geschlossen.
Die Plattenheizkörper- und Fussbodenhei-
zungsindustrie wird nicht mehr benötigt.

Die regionalen Ziegel- und Kalkwerke
werden wieder eröffnet.
Die Temperierung, ob paralleldurchströmt
oder elektrisch, wird Gesetz!

Inhalt Seite

Es ist das erste Buch was sich mit der höchsten Qualität des Hauses, in Konstruktion und Heizung beschäftigt.

100 Prozent ist die Qualitätsmarke.

Wir zwei Menschen, ein Heizungsingenieur und ein Maurermeister, beschreiben für die Menschen das 100 Prozent Haus.

Es geht im Buch um das 100% Bauen, welches durch die 100 % Konstruktion und 100 % Heizen entsteht.

Wir planen und lehren ob Neu-. oder Altbau, führen aus und erreichen heute so mögliche 100 %.

Wir finden heraus, wann in der Baugeschichte das 100 % Bauen und Heizen stattfand und wieder verlassen wurde.

Eine Hauptforderung in dem Buch und für das künftige Heizen, bedeutet die gesetzliche Verpflichtung, das Heizen für die Menschen, durch eine 100 % Temperierung zu ersetzen.

Wir schauen uns die Bedürfnisse und Forderungen des Menschen an einem Haus an.

Wir zeigen auf, welcher Weg zum 100 % Haus-Baustoff führt und die
100 % Temperierungstechnik.

Aus diesen Erkenntnissen heraus, werden die meisten Baumärkte und Heizungsgroßhändler sich neu erfinden müssen oder schließen.

Wer möchte schon weniger als 100 %.

Der Neu- und Altbau wird sofort gestoppt, bis 100 % Wissen und Können, nachweislich vorhanden ist.

Das vorsätzliche Zerstören von alten Häusern und Neubauten wird beendet.

Eine neue Baupolizei, welche es schon mal vor Jahrzehnten gab, wird im Sinne des Kunden, der Menschen und vor allem für unsere wehrlosen Kinder, das 100 % Haus durchsetzen.

Die Autoren danken herzlich für das Lektorat,
Antje Bösselmann,
für die schnelle Bearbeitung und Korrektur unseres Buches.

Einleitung

Ich, Christoph Jaskulski, schreibe dieses Buch. Auf dem Weg bis hier her, habe ich 5 Bücher geschrieben. Diese Bücher pflastern den Weg zu dem 6. Buch. Volker Hinz und ich erreichen damit das 100 Prozent Haus. Er hat einen sehr großen Anteil, wenn nicht sogar den größten Anteil, an diesen 100 Prozent. Deswegen gehört er mit auf die Titelseite.

Viel Wissen und Verarbeitungstechniken, was ich, bzw. wir heute haben, sind durch die genial einfachen Erklärungen durch Volker Hinz entstanden.

Vor 5 Jahren kam mein erstes 100 % Hausbuch heraus. Er kaufte es damals und meldete sich sehr schnell bei mir. Seitdem sind wir im ständigen Austausch und ich durfte viele neue, alte und vor allem einfachste bauphysikalische Zusammenhänge besser verstehen.

Volker Hinz und Dr. Wolfgang Horn sind die Erfinder und Entwickler des Erifol®-Systems. Dr. Horn ist leider letztes Jahr gestorben. Grundlage des Erifol®-Systems ist die spezielle Reflexionsfolie und die wasserführende paralleldurchströmte Flächentemperierung.

Letztes Jahr kamen andere Reflexionsfolien mit ins Spiel. Dadurch gab es Qualitätsunterschiede im Reflexionsgrad, bei geringen Preisunterschieden.

Deswegen werden wir die Teilbereiche neu definieren. Die Folien mit den Abstandsmatten bilden die Reflexionsdämmebene, von ca. **1cm.** Man kann davon ausgehen, dass der U-Wert einer Folienebene bei 0,11 ist und bei zwei Ebenen bei 0,05.

Im letzten Herbst, gab es ein Bauvorhaben, wo ein Dachgeschoß mit dem System ausgestattet wurde. Da wurde eine elektrische Flächentemperierung eingebaut, wo erhebliche Investitionskosteneinsparungen stattfanden und der Einbau sehr schnell ging. Dadurch müssen wir die Flächentemperierung unterteilen in wasserführende und elektrische Temperierungen.

Grundsätzlich ist es sehr wichtig, dass die Konvektionsheizungen verboten werden und die Flächentemperierungen, Gesetz werden.

Volker Hinz brachte noch eine Neuheit zwischen die Folien, was die Verarbeitung nochmal wesentlich vereinfachte. So ist dieses neue Buch für uns beide ein gewisser Abschluss, für die heutige Zeit. Wir bringen damit unser Haus auf 100 Prozent, welche heute möglich sind.

Es wird Zeit, dass sachliche, neutrale und objektive Menschen sich miteinander verbinden und diese 100 Prozentmarke diskutieren, verbessern und in einfache Lehrbücher bringen, damit die Bildung sich verändert und das Handwerk wieder goldenen Boden bekommt.

Kapitel I: 100 Prozenthaus

Text 1: Was bedeutet 100 Prozent Haus?

Mit 100 Prozent meint man das Ganze. Ein Ganzes. So sieht das Prozentzeichen aus, %. Es bedeutet zum Beispiel, 100% einer Tafel Schokolade, sind also eine ganze Tafel.
Gehen wir damit ins Handwerk. Wenn der Tischler einen Schrank herstellt, sollte er auf 100% Genauigkeit kommen, sonst schließt die Schranktür nicht richtig! Überall werden 100% Qualität angestrebt. Wie sieht es nun bei unserem Haus aus? Katastrophal sagen wir Kritiker und beweisen es auch. Aber wer hat heute noch die Macht über die Hauskonstruktion und die Heizung? Der "Staat", die Industrie, die Handwerkskammern usw.. Das gehört im Sinne des Menschen abgeschafft.

Text 2: Die "gesetzliche" Grundlage

Das Gebäudeenergiegesetz (GEG) bildet die Grundlage für das 100% Haus! Im Paragraph 1 (Absatz 2) steht ausdrücklich, dass die Wirtschaftlichkeit der Maßnahmen gefordert werden. Das heute die Wirtschaftlichkeit der Maßnahmen mit Füßen getreten wird, kommt in späteren Kapiteln.

Dieses Gesetz wird komplett ausgemistet, von nichtfunktionierenden Konstruktionen und Heiztechniken.

In das Gesetz werden grundsätzliche Forderungen aufgenommen, welche die mit Übertemperaturen betriebenen Heizungstechniken verboten werden. Gleichzeitig werden Temperierungsmöglichkeiten beschrieben und gesetzlich verankert.

Text 3: 100% konstruktive Grundlagen für unser Haus

Der massive Altbau hat eine baugeschichtliche Entwicklung erlebt. Über die verschiedenen Baustile hat sich der Altbau entwickelt. Zur Bewusstwerdung hier die Baustile:
- Romantik von ca. 1000 bis 1250
- Gotik von ca. 1250 bis 1520
- Renaissance dauerte im Harzgebiet von ca. 1510 bis 1620
- Barock von ca. 1600 bis 1770
- Klassizismus ca. 1770 bis 1840
- Historismus ab 1840 bis 1890
- Jugendstil 1890-1920
- Moderne seit Beginn des 20. Jahrhunderts

Die Baustile müssen in dem jeweiligen Zeitraum funktioniert haben, sonst hätte sich daraus kaum der nächste Baustil entwickelt. Die wichtigste Entwicklung der Hauskonstruktion bis zum Jugendstil, war die Entwicklung der Statik des Hauses. Die Mauerwerksdicken nahmen im Laufe der Jahrhunderte langsam ab.

Wir brauchen nur durch Altstadtgebiete gehen. Man schaut durch Fenster und staunt über dicke Wände von bis zu einem Meter, obwohl das Gebäude nur zwei drei Stockwerke hat.

In der Jugendstilzeit von 1890 bis 1920 endet das homogene Vollmauerwerk. Die Industrialisierung nahm seinen Lauf. Aus Vollsteinen wurden Hochlochsteine. Aus gemauerten Fenster- und Türstürzen, wurden Stahlträger und später bewehrte Betonüberdeckungen verbaut.

Der 100% Baustoff ist der leichte gebrannte Ziegelstein und der Kalkmörtel! Im Text??? Wird gezeigt welche Anforderungen ein Hausbaustoff erfüllen muss.

Das war das Ende vom 100 % Bauen konstruktiv!

Es dauerte nicht lange und die ersten Bauschäden zeigten sich in der Fassade. An auskragenden Balkonplatten wurden Stahlträger, als Rahmen benutzt und mit Beton ausgefüllt. Mir ist unverständlich, warum unbehandelte Stahlträger verarbeitet wurden, obwohl der Rost eine natürliche Folge war.

Die Außenwände wurden immer dünner. Nach den Kriegen waren Baustoffe Mangelware und 24 cm dicke Außenwände waren schnell das Maß der Dinge. In Verbindung mit Beton- und Stahlträgerüberdeckungen, kamen Spannungsrisse in den Bereichen der Auflager und dem weiteren aufgehenden Mauerwerk zu Stande.

Die extremste Abkehr vom 100% Bauen, kam mit den Fertighäusern auf und den zunehmenden Sondermüll in den Dämmkonstruktionen. Es steht alles in meinen geschriebenen Büchern und kann in den späteren Kapiteln nachgelesen werden.

Die Quintessenz mit gesunden Menschenverstand lautet, zurück wieder auf Anfang, über 100 Jahre, besser 150 Jahre.
Wir erleben es gerade in Amerika. Der Präsident handelt endlich für das Volk. Er geht auf die Jahre vor 1913 zurück. Mit der FED begann der Abstieg für die Menschen, für das Volk. Geld, Zinsen und die mondernste Versklavung der Menschheit begann, auch hier.

Text 4: Lehrbuch für Maurer, Teil 1-3 von 1947

Die erste Auflage erschien bei Gebrüder Jänecke, in Hannover 1930. Es sind alles Vorschläge, welche uns wieder dem 100% Bauen näher bringen können.

In dieser 1.Auflage von 1930 stehen unter dem Schrifttumverzeichnis alle wichtigen Verlage, welche heute noch Baukonstruktionsbü-

Foto: Jaskulski

cher verlegen. Zum Beispiel ein Buch vom Verlag Frick und Knöll, gibt es in der 36. Auflage. Es sind alles "Fachbücher", welche für das korrupte Bauen mitverantwortlich sind. Warum? Da diese Bücher eine falsche Lehre vermitteln!

Volker Hinz und ich werden Sie sehr schnell zum 100 % Bauen zurückführen, weil die Grundlagen für Konstruktion und Temperierung schon vor über 100 Jahren vorhanden waren.

Sie brauchen nur wieder hervor geholt werden.
Vom heutigen Bauen bleibt nicht viel übrig, was für das 100% Bauen nützt. Es steht alles später im Buch.

Im Lehrbuch, Teil 2, wird 1943 das erste Mal der Stahlbeton anstatt Eisenbeton im Buch mit aufgenommen. Es wird viel über den Rostschutz des Stahls geschrieben, sowie über Vor- und Nachteile. In dieser Zeit fehlten sicherlich noch die Erfahrungen aus den letzten Jahrzehnten, über Risse in der Konstruktion und durch Rost treibende Stahlträger.

Der Mauerwerksbau, insbesondere die Rohbauten, haben bis heute eine erschreckende Entwicklung genommen. Tragende Außenwände sind mit großformatigen, nur geklebten Kalksandsteinblöcken, größtenteils nur noch 17,5, manchmal sogar nur 15 cm dick.
Diese geklebten Wände, bzw. der gesamte Rohbau wird mit stahlbewehrten Ringankern überdeckt.
Ich habe schon 2009 in meinem ersten Buch darauf hingewiesen, dass es oft zu Abrissen zwischen Ringankern und Mauerwerk kommt. Die Bewegungen in einem Haus sind durch Windlasten und Sog wahrscheinlich viel größer als gedacht.
Ich habe innen Häuser gesehen, wo der Abriß stattfand, eine Reparatur ist fast ausgeschlossen. Meistens geht nur eine Verkleidung mit Gipskartonplatten.

Deswegen gehört alles aus den letzten Jahrzehnten auf den Prüfstand.

Der Neu- und Altbau sollte zum Schutz der Bauherren komplett eingestellt werden, bis eine Neuordnung und Bildung, sowie eine handwerkliche Bildung stattgefunden hat.

Dafür braucht es nur 3 Tage!

Text 5: Der Hauswert - Altbau - Neubau

Wenn objektiv und neutral gehandelt wird, sind heute Altbauten mit dicken Außenwänden, die Juwelen unter den Häusern. Denn da braucht es nur den Austausch der überwiegend eingebauten Konvektorheizungen, wie Platten-Heizkörper und falschen Fußbodenheizungen, zu Flächentemperierungen.

Dann würden über die Jahre, die Außenwände **garantiert nach außen entfeuchten.** Dadurch würde viel weniger Heizenergie benötigt und was noch viel wichtiger ist, der Mensch würde endlich im Mittelpunkt der Heizindustrie stehen.

Da sich heute fast 100 % der Energieberater, Planer und Bauämter den "gesetzlichen" Forderungen und den Vorschriften ergeben, kann der Neubau bestenfalls auch mit einer wirklich funktionierenden Temperierung erhalten werden. Das gilt auch für den Fertighausbau.

Der landesweit immer wieder sichtbare Abriss dieser Hausjuwelen gehört gestoppt.

Text 6: Das lückenlose 100% Heizungswissen

Der wichtigste Unterschied zeigt sich in der Heizungsform. Da sollte zuerst auf das Wohlbefinden des Menschen geschaut werden.

Der Nachweis ist längst erbracht, dass die Plattenheizkörper und die übertemperierte Fußbodenheizung gegen unsere Gesundheit arbeitet und große Krankheitskosten verursacht. Das schaffen wir ab.

Das heißt, die Entwicklung und Durchsetzung der Temperierung, der Strahlungsheizung mit niedrigsten Vorlauftemperaturen, wasserführend oder elektrisch, ist das oberste Gebot!
Die elektrische Temperierung ist günstig in der Anschaffung und sehr einfach zu installieren. Der Carbon-Heizfolienbereich entwickelt sich seit über 10 Jahren stetig weiter.

Ich habe es immer wieder beschrieben oder in Videos aufgegriffen. Wenn ein Handwerker oder eine Firma zum Beispiel mit einem Wärmedämmverbundsystem (WDVS) oder der Heizungsbauer mit einer Konvektorheizung, in das physikalische Gleichgewicht des Hauses eingreift, muss er wissen, dass er dieses nachhaltig zerstört. Daher wird das Wissen um die Zusammenhänge der Konstruktion und der Heizung, Grundlage für den Bauingenieur, Energieberater oder Heizungsbauer in seiner Ausbildung werden. Sonst hat er nichts auf dem Bau zu suchen! Er verursacht nur eine schleichende Zerstörung des Hauses und ist mitverantwortlich für die Minus-Billionen-Hauswerte!

Text 7: Die Heizungsentwicklung

Die Römer haben wohl die Hypokaustenheizung erfunden. Als Flächenheizung wurde warme Luft in geschlossenen Schächten und Röhren zirkuliert, welche die Wärme an die Oberfläche abgibt. Dafür wurden vor allem Fußböden und Wände als massive Wärmeleiter eingesetzt. Auch Sitzbänke oder Bäderanlagen wurden damit beheizt oder besser temperiert.

Im Mittelalter wurde überwiegend mit Holz aus herrschaftlichen Wäldern geheizt.
Im 14. Jahrhundert wurde der Kachelofen im Alpengebiet entwickelt.
Eine schwedische Erfindung des Kachelofens, soll es erst 1767 gegeben haben.
Die ersten Warmwasserzentralheizungen wurden von 1700 bis 1750 in England und Frankreich errichtet. In Deutschland fand das Heizen mit warmen Wasser erst ab 1850 Verbreitung.
So steht es bei Wikipedia!

Das war nur ein kleiner Überblick, über das Heizgeschehen früher.

Wie entwickelte sich das Heizen im deutschen Land?

Im Jahr 1966 waren noch 83 Prozent der bundesdeutschen Wohnungen mit Öfen beheizt. Nur 17 Prozent, vorwiegend in Neubauten, wurden zentralbeheizt.

Alfred Eisenschink, Jahrgang 1932, ist der Erfinder und Entwickler der Fußleistenheizung. Das war Anfang der Sechziger Jahre. Durch ihn, hörte ich erstmals den Unterschied, zwischen der Konvektorheizung (Heizkörper) und Strahlungsheizung. Er hat Jahrzehnte für die Strahlungsheizung und seine Heizleisten gekämpft. Bis heute sind viele Hersteller auf die Heizleistenentwicklung aufgesprungen. Diese Entwicklung wurde allerdings von der Industrie von Anfang an bekämpft und lächerlich gemacht. Ich traf ihn noch 2017 in Murnau (Bayern) an. Er starb im Herbst 2018.

Im deutschen Osten wurde bis zur Wende überwiegend mit Öfen (Kohle) oder Fernwärme geheizt.

Durch Volker Hinz hörte ich vor 4 Jahren das erste Mal von einem Tichelmann-System. **Seit über 100 Jahren gibt es die parallel-durchströmte Temperierung, welche nur Vorteile hat!**

Am Beispiel vom Tichelmann-System wird das sehr deutlich. Albert Tichelmann lebte von 1861 bis 1926. Er hat die paralleldurchströmten Verlegetechnik erfunden. Im Internet wird von Vor.- und Nachteilen gesprochen. Nachteile gibt es bei dem System nicht, weil es in der Fläche wenig Druckverlust gibt. Die paralleldurchströmte Fläche hat gleiche Temperaturen. Beim Erifol®-System wird der hydraulische Abgleich auf Kubikmeter oder Liter pro Minute nicht gemacht. Bei einer Temperatur zwischen Vor.-und Rücklauf von 1 Grad geschieht das.
Das Tichelmann-System garantiert in Verbindung mit dem Erifol®-System, die physiologisch beste Temperierung, bzw. Heizung für den Menschen!

Text 8: Was ist die 100% Temperierung kurz und bündig?

Paralleldurchströmte Heizung hat nur 1 Grad Temperaturdifferenz zwischen Vor- und Rücklauf. Damit ergibt sich in der Fläche eine gleiche Flächentemperatur von 26 Grad, der wärmeabgebenden Fläche.

Elektrische Temperierung ist schnell verlegt, Kosten sind investiv ein Bruchteil.

Kapitel II: Die Bedürfnisse des Menschen

Text 9: Volker Hinz - Hausversteher beantwortet 29 Fragen rund ums Haus

Ich stelle Volker Hinz 29 Fragen. Es geht um die Haus-Konstruktion und die Heizung. Es sind Fragen, welche sich die Menschen immer wieder stellen. Die wenigsten Fragen werden von den Experten fachlich richtig beantwortet!

Ein Maurermeister wie ich, suchte seit 15 Jahren nach der besten Heizung. Seit 4 Jahren ist Volker Hinz mein Heizungstrainer. Ich habe das Erifol®-System und die paralleldurchströmte Heizung verstanden. An Objekten lernte ich deren äußerst leichten Einbau! Leicht ist vor allem die körperliche Arbeit für die Handwerker!

Wir und die Kunden, können von jedem Heizungsexperten verlangen, das sie den Menschen eine gesunde Heizung erklären und einbauen.

Jedes Handwerksunternehmen, welches als Einzelexperte, wie zum Beispiel der Fensterbauer, in eine Hauskonstruktion physikalisch eingreift, muss wissen, wie die Temperierung funktioniert. Sonst ist er mitverantwortlich für kommende mögliche Feuchtigkeitsschäden! Er muss es wissen und kann sich nicht rausreden! Außer, er macht bei Angebotsangabe eine Auschlusserklärung.

Volker Hinz kann, wie kaum ein anderer Mensch, alle wichtigen physikalischen Fragen um das Haus, auf einfachste Weise, beantworten.

Ohne ihn wäre dieses Haus-Fachbuch der heutigen Zeit, mit Konstruktion und Heizung nicht möglich! Definitionen lernen ist das eine, verstehen der gesamten Zusammenhänge, ist viel wichtiger. Ich habe ihm einige Fragen gestellt. Seine Antworten werde ich in Kursivschrift niederschreiben!

<u>1. Frage:</u> Welche Wärmebedingungen (Thermische) benötigt der Mensch?
Antwort: *Der Mensch muss die von ihm selbst produzierte Wärme, an die ihn umgebenden Flächen, kontrolliert abgeben können.*
Die wärmeabgebenden Flächen des Menschen, betragen 28-32 Grad. Die Temperatur der Flächen, die ihn umgeben, sollten 22-24 Grad warm sein. Das sind Wand,- Boden- und Deckenflächen.
Um diese Bedingungen zu erreichen, bedeutet es, dass die wärmeabgebende Fläche definiert und berechnet sein muss. Es sollten 26 Grad maximal sein. Dann ermöglicht die wärmeabgebende Fläche 26 Grad, ermöglicht dem Menschen, seine Wärme dorthin abzugeben. Dem Menschen ist generell keine Wärme zuzuführen.

<u>2. Frage:</u> Weshalb soll die wärmeabgebende Fläche max. 26 Grad sein?
Antwort: *Die Temperatur der wärmeabgebenden Fläche von 26 Grad, ist zum einen kälter, als die Oberflächentemperatur des Menschen von 28-32 Grad. Damit kann der Mensch generell Wärme abgeben. Dadurch entsteht im Raum keine konvektive Luftbewegung, weil die Temperaturdifferenz, Raumlufttemperatur zur Oberflächentemperatur, gleich kleiner 12 Grad ist. Zum Beispiel, die Raumlufttemperatur 15 Grad und wärmeabgebende Fläche 26 Grad. Die Differenz sind 11 Grad. Damit bewegt sich die Luft im Raum, messbar nicht.*
Jeder Mensch kann im Winter vor dem Fenster an einem Plattenheizkörper, die Luftströmung der Konvektionsheizung kennenlernen. Das Heizkörperventil wird aufgedreht. Es entstehen über dem Heizkörper schnell Übertemperaturen, welche die Gardinen bewe-

gen. Wurden die Zwischenräume der Plattenheizkörper lange nicht gereinigt, entsteht eine ungesunde unsichtbare Staubwolke über dem Heizkörper, welche die hohen Krankheitskosten zum Teil verursachen.

<u>3. Frage:</u> Wie erklärt sich der Unterschied, DIN für Heizungsanlage (Fußbodenheizung) und Wärmeübertragung durch paralleldurchströmte Flächentemperierung?
Antwort: *Die Fußbodenheizung ist seriell (serienmäßig) durchströmt, mit einer Durchflussmenge 1,5 Liter pro Minute vom Heizungswasservolumen. Sie hat eine Temperaturspreizung von 5-7 Grad nach hydraulischem Abgleich und wird außentemperaturabhängig geregelt. Warum brauchen wir bei Minus 12 Grad eine höhere Vorlauftemperatur, als bei + 10 Grad? Diese Frage stellt sich bei dem paralleldurchströmten System nach Tichelmann-Prinzip nicht. Die Wandoberflächentemperaturen müssen bei +10 Grad, so warm sein wie bei - 20 Grad. Das heißt, wir brauchen als Mensch immer konstante Bedingungen, um sich behaglich zu fühlen. Die Raumlufttemperatur ist dabei zweitrangig.*

<u>4. Frage:</u> Wie kann die Wärmestrahlung im Vergleich zur Konvektion im Raum nachgewiesen werden?
Antwort: *Technisch, mit einer Wärmebildkamera! Siehe Fensterbild der Fassade. Im Erdgeschoß ist das Fensterglas hellrot, wo eine Konvektorheizung vorhanden ist. Im Obergeschoß, ist dagegen die Scheibe blauschwarz und zeigt die Strahlungsheizung an.*

<u>5. Frage:</u> Warum ist die Raumlufttemperatur zweitrangig?
Antwort: *Der Mensch gibt generell seine Wärme durch Wärmestrahlung, an die ihn umgebende Flächen ab. Ein Beispiel, wir fahren ins Hochgebirge, 2 m Schnee, -5 Grad, stehende Luft und Sonnenschein. Das kann jeder Mensch nachvollziehen, dass dort praktisch das Wärmeempfinden des Menschen, ein ganz anderes ist. Er merkt die Lufttemperatur nicht, sondern er fühlt die Strahlungsenergie!*

Foto: Dr. Wolfgang Horn - Antwort Frage 4

<u>6. Frage:</u> Wann und unter welchen Bedingungen bewegt sich Luft?
Antwort: *Luft bewegt sich entweder, durch Druckunterschiede, wie undichte Fenster im Gebäude oder durch Temperaturunterschiede. Im Gebäude darf keine Undichtigkeit und durch unkontrollierte Lüftung entstehen. Das heißt*
- *undichte Fenster- und Türanschlüsse*
- *undichte Balkenanschlüsse ans Mauerwerk*
- *Rohrdurchführungen durch Decken*
- *Balkendurchführungen im Fachwerkbau durch die Außenwand*
- *sowie sonstige Anschlüsse ans Mauerwerk*

Die großformatigen Porotonsteine, mit ihren senkrechten Hohl-kammern, welche zumeist übereinander geklebt sind, stellen ein

weiteres Problem dar. Bei Steckdosenmontage müssen diese Kammern luftdicht geschlossen werden.
Diese müssen alle abgedichtet sein. Das Gebäude muss luftdicht sein. Wir fordern 0,6 Luftwechsel pro Stunde, bei 50 Pascal (Blower-Door-Test). Die Luft bewegt sich bei Temperaturunterschieden größer 12 Grad zwischen Raumlufttemperatur und wärmeabgebender Fläche.

7. Frage: Wann fühlen wir uns im Sommer wohl?
Antwort: *Wenn die Luft steht und kein Wind ist. Sowie eine Umgebungstemperatur von 22 bis 24 Grad. Der Mensch sollte sich in einer thermischen Balance befinden. Er sollte sich nicht zu warm oder zu kalt fühlen (schwitzen oder frieren).*

8. Frage: Schwitzen und Windstoß?
Antwort: *Der Mensch schwitzt, seine Kleidung ist dadurch feucht und es kommt plötzlich ein Windstoß, dann kommt der Mensch ins Frieren, weil die Verdunstungskälte wirkt.*

9. Frage: Wie ist es innen im Haus?
Antwort: *Im Haus bleibt die Luft stehen und der Mensch gibt die Wärme durch Konvektion nicht ab. Es gibt kein Windzug im Gebäude, wo die Wärme vom Menschen durch Konvektion abgetragen werden kann.*

10. Frage: Sind 30 Grad plus, 30 Grad plus?
Antwort: *Plus 30 Grad in einer Großstadt und stehende Luft, ist für den Mensch sehr unangenehm. Befindet sich der Mensch bei +30 Grad am Meer, dann empfindet er die 30 Grad als sehr angenehm. Da durch Konvektion, sprich durch Luftströmung, Wärme abgetragen wird.*

11. Frage: Was ist Wärmeleitung, was ist Wärmereflexion?
Antwort: *Wärmeleitung entsteht, in dem eine Fläche durch eine Wärmequelle, erwärmt wird. Diese Wärme wird von der Fläche ab-*

sorbiert, sie nimmt die Wärme auf und leitet die Wärme weiter. Zum Beispiel eine kalte Handfläche und eine warme Handfläche aneinander legen. Da merkt man die Wärmeleitung, von der warmen zur kalten Fläche. Die Wärmeleitung bzw. die Wärmeübertragung findet immer von warm nach kalt statt.
Die Wärmestrahlung wird reflektiert. Eine helle- oder eine alufarbene Oberfläche reflektiert, siehe Spiegel. Im Dachgeschoß wird demnach die sommerliche Hitze zurückgeworfen.

12. Frage: Wie lange hält eine paralleldurchströmte Heizung?
Antwort: *Die paralleldurchströmten Rohrregister, welche zur Anwendung kommen, bestehen aus einem Polypropylenwerkstoff. Institute haben festgelegt, dass das Material mindestens eine Lebensdauer von 90 Jahren hat.*

13. Frage: Ist die Erifolfolie Sondermüll?
Antwort: *Die Erifol®-Folie besteht aus einer vernetzten Schicht, Polyäthylen-Werkstoff, die weisse Seite ist eine zweilagige Polyäthylen- Schicht. Die Innenschicht besteht aus einer Aluminiumfolie 0,1 mm Stärke, einlagig Polyäthylen beschichtet und ist kein Sondermüll, sondern ist wieder recycelbar zu 100% und bei Ausbau wieder verwendbar.*

14. Frage: Wieso Physik 6. Klasse?
Antwort: *Im Physikunterricht der 6. Klasse, in der DDR, wurde auf einfachste Art und Weise erklärt, wie Wärmeübertragung, Konvektion, Wärmeleitung und Wärmestrahlung erläutert. Wärmestrahlung findet in unserem heutigen System keine Berücksichtigung. Und wenn, wird sie oft falsch dargestellt. Es wird nur über Konvektion und Wärmeleitung gesprochen. Wärmestrahlung ist dagegen wesentlich effizienter. Max Planck, Stefan Boltzmann oder Prof. Claus Meier sind die Fachleute, welche auf einfachste Weise, alles dokumentiert haben.*
Leider wird das von den Experten in Abrede gestellt und hintertrieben. Alles im Interesse der umsatzorientierten Gesellschaft, zum Schaden des Menschen und der Umwelt.

Wir gehen davon aus, dass sich die Physik der 6. Klasse nicht verändert hat. Physik ist einfach Physik. Die Grundlagen der Physik kann ein Mensch nicht ändern. Es sind natürliche Gesetze. Sie sind dazu da, dass sie eingehalten werden.

<u>15. Frage:</u> Was hast du gegen Dämmung an Gebäuden zur Energieeinsparung? Was hat das mit dem Lodenmantel zu tun?

Antwort: *Die Dämmung verhindert den Wärmeübergang nicht. Sie verzögert diesen Übergang nur zeitlich. Das heißt, im Sommer scheint die Sonne. Im Dach sind 20 cm Dämmung aus Steinwolle, Styrodur oder Weichholzfaserplatten eingebaut. Damit wird zeitlich*

Foto: Jaskulski - Nachträgliche Montage eines Klimagerätes auf dem Dach, weil sommerlicher Wärmeschutz nicht funktioniert

verzögert, die Wohnung warm. Den ersten Tag noch nicht. Den zweiten Tag ist es schön wärmer. Am dritten Tag ist die Wärme durch die Konstruktion durch. Dann wird es für den Menschen sehr unangenehm. Man hält es in diesen Wohnungen kaum noch aus. Deswegen kommen Klimaanlagen an die Gebäude oder auf das Dach.

Das lässt sich an einem Beispiel nachvollziehen. Der Leser kann sich einen Lodenmantel oder eine Wattejacke anziehen. Diese sollte dann Tag und Nacht getragen werden. Nach einem Jahr kann nachkontrolliert und nachgefühlt werden, ob diese immer noch wärmt. Der Temperaturunterschied wird von der Industrie betrachtet, von warm nach kalt. Das heißt, von warm im Raum mit +23 Grad Lufttemperatur, außen -12 Grad. Beim Lodenmantel, wäre das Verhältnis der Temperaturdifferenz etwas größer, 32 Grad Oberflächentemperatur des Körpers, zur Außenluft -12 Grad. Die

Betrachtung der Dämmstofflobby findet ohne Feuchtigkeit statt. Das Feuchtigkeitsthema bleibt außen vor. Es wird nur die Temperaturdifferenz dokumentiert. Der Feuchteeintrag aus der Raumlufttemperatur, die wärmer ist als die Oberflächentemperatur, der mineralischen Baustoffe, wird nicht betrachtet. Das ist aber ein wesentlicher Fakt, der die Wärmeleitung vergrößert. Je feuchter das Außenmauerwerk ist, desto besser ist die Wärmeableitung nach außen. Analog zu dem Watteanzug oder Lodenmantel.

<u>16. Frage:</u> Warum erklärt der Tiefgefrierschrank das Erifolsystem?
Antwort: *Im Tiefgefrierschrank sind -18 Grad. Zimmertemperatur 20 Grad. Diese Temperatur muss mindestens 72 Stunden gehalten werden! Damit bei Stromausfall, nichts auftaut. Diese Bedingungen werden bei einer Wandung von 5 cm erfüllt. Den Wandaufbau, kann jeder nachvollziehen. Er hält bei 5 cm Wandstärke die Kälte innen oder die Wärme draußen. Im Hausbau sind wir heute bei ca. 40 cm Dämmstärke! Warum? Warum entsteht außen am Kühlschrank keine Eisblume, nach den Berechnungen der Experten?*

<u>17. Frage:</u> Warum werden heute so viele massive Häuser abgerissen?
Antwort: *Die Experten reden von Nachhaltigkeit, Ressourcenschonung, Umweltschonung, CO2- und Energieeinsparung. Jedes alte, statisch funktionierende Gebäude, kann mit dem Erifol®-System auf einen Energiestandard unter KfW 40+ gebracht werden.*
Das bedeutet ganz einfach, die CO2-Bilanz geht gegen Null. Keine Baustoffe für den Rohbau müssen neu produziert und durch das Land transportiert werden. Die Bausubstanz wird wesentlich besser in der Langlebigkeit betrachtet, als die neu gebauten Gebäude. Siehe, alles was ab 1990 gebaut wurde, kann man dokumentieren. Die Altbausubstanz bzw. vorhandene Infrastruktur wird genutzt. Sie sollte zwingend erhalten und genutzt werden. Zusätzliche Flächenversiegelungen entfallen.

<u>18.Frage:</u> Unterschied zwischen Experte und Fachmann?
Antwort: *Der Experte ist die verlängerte Werkbank der Industrie, welche umsatzorientiert, die Interessen der Industrie vertreten.*

Der Fachmann hingegen, hat Kenntnisse vom Fach, kennt physika-
lische Gesetze, welche er in der Praxis umsetzt.
Am Beispiel vom Tichelmann-System wird das sehr deutlich. Albert
Tichelmann lebte von 1861 bis 1926. Er hat die paralleldurchström-
ten Verlegetechnik erfunden. Im Internet wird von Vor- und Nachtei-
len gesprochen. Nachteile gibt es bei dem System nicht, weil es in
der Fläche wenig Druckverlust gibt. Die paralleldurchströmte Flä-
che hat gleiche Temperaturen. Beim Erifol®-System wird der hy-
draulische Abgleich auf Kubikmeter oder Liter pro Minute nicht ge-
*macht. Bei einer Temperatur zwischen Vor- und Rücklauf von **1***
***Grad** geschieht das.*
Das Tichelmann-System garantiert in Verbindung mit dem
Erifol®-System, die physiologisch beste Temperierung, bzw.
Heizung für den Menschen!

Foto: Jaskulski - Paralleldurchströmte Temperierung

<u>19. Frage:</u> Warum wird das Erifol®-System nicht vorgeschrieben?
Antwort: **Alle** *Heizungsbaumeister oder Heizungsingenieure werden von der Industrie ausgebildet! Für die Großindustrie oder Konzerne, zählt nur das Wachstum und der Gewinn. Deswegen wird immer noch konvektives Heizen mit den Übertemperaturen gelehrt. 17 Jahre Entwicklung vom Erifol®-System und es gibt kaum Heizungsfirmen, welche im Lande dieses geniale System anwenden. Der Bauherr versteht zum Teil sehr schnell dieses System und die gigantischen positiven Zahlen. Heizungsfirmen haben überwiegend immer noch volle Auftragsbücher. Dadurch können sie es sich* **noch** *leisten, dass sie dieses System schlecht machen und ablehnen!*

<u>20. Frage:</u> Was ist Volumenstrom?
Antwort: *Volumenstrom ist die Wassermenge, welche durch die Rohrleitungen fließen muss, um alle Heizkreise mit 5 Liter pro Minute zu versorgen. Jeder Heizkreis, paralleldurchströmt hat den Durchfluss planerisch mit 5 l /Minute. Das heißt, dass 5 Heizkreise 25 l ergeben, und das muss planerisch am Heizkreisverteiler zur Verfügung stehen.*

<u>21. Frage:</u> Lüftung im Bad?
Antwort: *Im Bad ist es notwendig, die Raumfeuchte unter 60 Prozent zu bringen. Über 60 Prozent fühlt sich der Mensch nicht wohl. Siehe in den tropischen Ländern oder im Tropenhaus im Zoo. Siehe Behaglichkeitsdiagramm.*

<u>22. Frage:</u> Braucht es die Nachtabsenkung?
Antwort: *Eine Nachtabsenkung ist generell nicht notwendig, da die Wandoberflächentemperaturen, Tag und Nacht auf dem gleichen Niveau von 22 bis 24 Grad gehalten werden müssen. Nachtabsenkung würde bedeuten, wir gehen in der Nacht mit der Heizung außer Betrieb. Die Wände kühlen aus und müssen den nächsten Tag wieder mit 6 % mehr Wärmeenergieaufwand aufgeheizt werden.*

<u>23. Frage:</u> Wie ist es mit der Angst um die Wärmepumpe?
Antwort: *Der Endkunde wird aufgeklärt und umfangreich beraten:*
1. *Es wird überprüft, welches Heizsystem, wie Heizkörper, Fußbodenheizung oder Flächentemperierung vorhanden ist.*
2. *Kann eine Luft-Wärmepumpe aufgestellt werden (Lärmpegel)?*
3. *Möchte von Öl oder Gas auf Wärmepumpe umgestellt werden?*

<u>24. Frage:</u> Richtiges Rechnen, richtige Wärmepumpengröße?
Antwort: *Eine 4 kW Wärmepumpe, zum Beispiel von Samsung, reicht für ein Haus mit 120 qm Wohnfläche mit dem Erifol®-System aus. Heute werden viele Wärmepumpen eingebaut, mit Dimensionen, welche kaum passen oder zu niedrig berechnet sind. Wenn das konvektive Heizen beibehalten wird, dann braucht es bei gleicher Wohnfläche, eine ca. **8 kW** Wärmepumpe. Je höher die Vorlauftemperatur der Wärmepumpe sein muss, je ineffizienter wird die Wärmepumpe. Die Vorlauftemperatur bei Heizkörperheizung liegt bei 70 Grad und der Rücklauf bei 55 Grad. Bei der parallel-durchströmten Temperierung bei 30 Grad.*
Haben wir zum Beispiel ein Mehrfamilienhaus mit 600 qm Wohnfläche, braucht es eine Wärmepumpe mit dem Erifol®-System von 16 kW für ca. 10.000€. Bei Heizkörperheizung braucht es dagegen 32 kW für ca. 20.000€.

<u>25. Frage:</u> Vergleich Haus 1,5 Geschosse mit Erifol®-System oder nach Deutscher Industrienorm (DIN)?
Antwort: *Damit der Energieverbrauch von KfW 40+ erreicht wird, soll nach dem Gebäudeenergiegesetz (GEG) modernisiert werden:*
- *Dachdämmung mind. 30 cm dick*
- *Außendämmung mind. 25 - 30 cm*
- *Fußbodendämmung unter Estrich mind. 8 cm*
- *Die gesamte Dachstuhlkonstruktion ändern, Sparren verstärken, Dachüberstände ändern, Dachrinnen, Dachdeckung neu.*
- *Da Fensteröffnungen durch die Dämmung bis in die Leibungen rein, immer kleiner werden, müssen Fensteröffnungen kostenintensiv vergrößert werden.*
- *Der Raum- oder Grundstücksverlust muss mit berücksichtigt werden. Das Erifol®-System hat innen 3 cm Raumverlust umlaufend, im Verhältnis zu 20 bis 25 cm bei Außendämmung.*

- Die Realität kommt zusätzlich dann mit den Jahren! Dr. Horn hat ausgerechnet, dass tatsächlich die theoretischen KfW 40+, sich verdoppeln. Der Grund! Das sichere Auffeuchten der gesamten Hauskonstruktion! Was für ein Krimi auf Kosten der Menschen!

Mit dieser Rechnung sollte der Vermieter und die Hausverwaltungen ins Handeln kommen, zumindest, dass er die Temperierung einbaut!

<u>26. Frage:</u> Das Erifol®-System amortisiert sich nie?
Antwort: *Das ist eine falsche Herangehensweise! Eine Investition in ein Haus, Heizung oder Auto wird sich nie amortisieren. Fakt ist, mit dem Erifol®-System, habe ich ein langlebiges System. Wir reden von 90 Jahren konstruktiv. Da wir keine Feuchtigkeit mehr in das Mauerwerk oder Konstruktion eintragen, gibt es keine Feuchte- oder Schimmelschäden mehr! Außerdem ist es ein Unterschied, wenn ein nach DIN-Norm "modernisiertes" Haus, im Monat 120 € kostet oder mit dem Erifol®-System 130 € im Jahr. Investoren rechnen ihre Investitionen in Immobilien, immer noch für einen Zeitraum von 80 Jahren.*

<u>27. Frage:</u> Die Lohnrechnung?
Antwort: *Ich muss mit dem Geld, was ich einnehme, Gehalt, Lohn oder Rente auskommen. Es ist schon ein Unterschied, ob ich im Monat 120 € Nebenkosten habe oder 130 € im Jahr.* **Hier sind vor allem die Vermieter gefragt oder Hausverwaltungen!**

<u>28. Frage:</u> Der Planer und der Radonschutz?
Antwort: *Jedes Gebäude muss vor Radoneintritt geschützt werden. Radon/ Thoron ist ein radioaktives Gas. Dadurch sterben im Jahr ca. 3000 Menschen. Das heißt, jedes Haus sollte vor und nach der Sanierung, untersucht werden. Das natürliche Radon in der Außenluft, beträgt, ca. 14 ppm. WHO schreibt einen Grenzwert von 80 ppm.*

29. Frage: Der Mensch braucht Schutz vor Störfeldern
Antwort: *Mit dem Erifol®-System schützen wir den Menschen zusätzlich vor Störfelder, Windrädern oder Sendemasten. Am Beispiel, von Hyperschall, Elektrosmog, kein Wlan, kein Funktelefon, sondern Lankabel.*

Kapitel III: Grundlagen für Konstruktion und Temperierung

Text 10: Wärmelehre - DDR - Sechstes Schuljahr - Ausgabe1961

Als ich durch Volker Hinz das erste Mal von dem Physik-Lehrbuch erfuhr, wollte ich es nicht glauben. Fakt ist, dass das Erifol®-System, Wissen vom sechsten Schuljahr in der DDR ist. Das Physikwissen, mit Text und Abbildung ist die Grundlage für eine wohl größte Hausrevolution in der Baugeschichte.

Der Text im Lehrbuch der 6. Klasse über Wärmestrahlung versteht jeder 12 jährige Mensch.

Foto: Jaskulski

"Wärmestrahlung: Erde und Sonne sind weit voneinander entfernt. Trotzdem wird die Erde von der Sonne erwärmt. Wärmeleitung kann nicht die Ursache sein. Auch die Wärmeströmung (Konvektion) scheidet aus, da sich zwischen Erde und Sonne praktisch kein Stoff befindet. In diesem Falle erfolgt die Übertragung der Wärme durch **Wärmestrahlung.**

Hält man die Hand unter eine eingeschaltete Glühlampe, so empfindet man eine deutliche Wärmewirkung. Die vom Glas erwärmte Luft steigt nach oben, kann also die Hand nicht treffen. Eine Wärmeleitung durch Berührung liegt auch nicht vor. Somit strahlt auch die Glühlampe Wärme aus. Von einem Kachelofen und jeder anderen Wärmequelle gehen Wärmestrahlen aus, sie selbst sind nicht sichtbar.

Wärmestrahlung ist unsichtbar. Sie erfolgt ohne leitende oder strömende Stoffe."

Ein überfälliger Zwischenton von uns!
Wir werden in dem Buch weiter sehr deutliche Worte finden. Das Bauen und Heizen von heute, ist das Wissen des Westens, der Industrie und Konzerne. Es ist ein Armutszeugnis für den Standort "Germany", wie kosten- und energieintensiv geheizt wird. **Dieses Heizen ruiniert die Gesundheit der Menschen!**

Hier sind weitere Beispiele, damit jeder Mensch die Wärmestrahlung verstehen kann.

"Hält man die Hand seitlich neben eine Wärmequelle, beispielsweise eine Bunsenflamme, so ist deutlich die Wärmestrahlung zu spüren. Läßt man aber Rauch zwischen der Flamme und der Hand aufsteigen, so läßt die Wärmeempfindung nach. Die Stoffteilchen des Rauches verschlucken somit einen Teil der Wärmestrahlung, man sagt, sie absorbieren einen Teil der Strahlung. Darum empfindet man auch die Sonnenstrahlung bei diesigem Wetter und staubreicher Luft als weniger heiß als bei klarem Wetter. Hält man ein Stück Papier oder Eisenblech zwischen die Flamme und die Hand, so ist kaum noch eine Wärmestrahlung wahrzunehmen. Die Wärmestrahlen können feste Körper nicht durchdringen. Diese Tatsache nutzt man beispielsweise aus, um Möbel mit Hilfe eines Ofenschirmes vor der starken Wärmestrahlung eiserner Öfen zu schützen!

Verstanden? Wir wissen, wie schwer es mit dem verstehen wollen ist! Jahrzehnte wurde eine falsche Entwicklung gegangen und kriminell gelehrt. Es wurde damit sehr viel Geld gemacht. Vom verdienen wollen wir dabei nicht reden, wenn es mehr zum Schaden der Menschen geführt hat!
***"Durch unterschiedliche Stoffe wird die Wärmestrahlung verschieden stark absorbiert "**(aufgenommen).*

"Es kann weiter nachgewiesen werden, daß die Wärmestrahlen von einem Spiegel zurückgeworfen werden. Obwohl sich die Hand hinter einem Schirm befindet, empfindet man deutlich die Wärmestrahlung. Die gleiche Wirkung, jedoch in schwächerem Maße, erzielt man bei der Verwendung einer weißen und glatten Pappe.
Spiegelnde und helle Körper werfen die Wärmestrahlung zurück.

Man stellt in gleichen Abständen vor eine Wärmequelle eine weiße Pappe und eine schwarze Pappe auf. Berührt man nach einiger Zeit beide Pappen, so ist deutlich zu merken, daß sich die schwarze Pappe erwärmt hat, die weiße Pappe kaum.
Dunkle Körper nehmen die Wärmestrahlen auf. Sie werden davon selbst erwärmt."

Hier werden wir nochmal sehr deutlich und stellen eine Frage! Wird dieser Physikstoff heute noch gelehrt? Oder ist dieses äußerst wichtige Thema, nicht mehr im Lehrplan?

"Zwischen die Wärmequelle und die schwarze Pappe stellt man eine Scheibe aus Fensterglas. Trotz der Scheibe wird die Pappe warm. Die Glasscheibe dagegen ändert ihre Temperatur kaum. Offenbar durchdringen die Wärmestrahlen das Glas fast ungehindert. Das gleiche ist auch beim Durchgang von Wärmestrahlen durch Wasser zu beobachten."
Gehen wir in einen See im Sommer baden, ist der obere Bereich aufgewärmt und nach unten wird es kälter. Die Wärmestrahlung läßt nach!

"Bei allen beschriebenen Versuchsanordnungen war Luft zwischen den einzelnen Körpern. Die Wärmestrahlung wurde durch sie kaum behindert. Ebenso wird die Erde von den Sonnenstrahlen stark erwärmt. Diese wird erst dadurch warm, daß von der Erdoberfläche die Wärme durch Wärmeleitung und dann durch Strömung auf die Luft übertragen wird.

Auf diesen Vorgängen beruht unter anderem die Wirkung eines Treibhauses. Die Sonnenstrahlen gehen fast ungehindert durch die Scheiben hindurch. Sie erwärmen den Boden des Treibhauses, und zwar die dunklen Teile des Erdbodens besonders stark. Die Luft des Treibhauses erwärmt sich nun durch Leitung und Strömung vom Boden aus. Durch die isolierende Wirkung der Fenster gegen Wärmeleitung kann sich die Luft im Innern des Treibhauses nur langsam wieder abkühlen.

Glas, Wasser und Luft lassen Wärmestrahlen fast ungehindert hindurch. Sie erwärmen sich dabei selbst wenig."

Der Lehrstoff der damaligen 6. Klasse, bildet die Grundlage für jeden Heizungsbaumeister und Hausplaner. Ich (Wir) kann mich selbst nicht an diesen Unterrichtsstoff, vor fast 50 Jahren, erinnern. Es ist einfach genial, wie Volker Hinz, seinen Heizungskollegen mit diesem Lehrstoff die heizerischen Möglichkeiten aufzeigt!

Text 11: Der alles entscheidende Weg zum 100% Bauen

Knallhart formuliert und doch ehrlich und wahrhaftig!
Warum bekommen Volker Hinz und ich in den letzten Jahrzehnten, die Möglichkeit das Bauen rund um unser Haus, auf den Kopf zu stellen?
Warum bekommen wir unabhängig voneinander, die Konstruktion und die Temperierung in den höchsten Qualitätszustand, zu denken und zu entwickeln. Damit wird das heutige Bauen ad absurdum geführt. Da geht es nicht um Milliarden sondern um Billionen, **Minus und wir bringen das Plus!**

Wenn wir jemals 100% Bauen erreichen wollen, dann muss auf allen Gebieten die 100% Beratung und Aufklärung stattfinden.
Warum haben wir Menschen im Internet die Möglichkeit bekommen, dass wir in den Suchmaschinen, die Wahrheit über unsere "Behörden" und "Finanzämter" bekommen? Wir können die "UPIK-Plattform" eingeben und finden die DUNS-Nummern von Unternehmen, Kontaktinformationen und die neuesten Unternehmensdaten von Dun & Bradstreet. Das geht ganz einfach.

Geben Sie die Polizeidienststelle, Finanzamt, Amtsgericht oder Stadtverwaltungen in Ihrer Stadt ein, sind es auch alles Firmen!
Alle Post, welche wir schon sehr lange und heute bekommen, außer private Post, sind es alles Firmen.

Gehen wir in die Gültigkeit von der Executive Order 13818. Sie besagt die Sperrung des Eigentums von Personen, die in schwere Menschenrechtsverletzungen oder Korruption verwickelt sind. Gültig seit 20. Dezember 2017. Da wir immer noch unter der Knute der Amerikaner sind, gilt bei uns nichts anderes.

Nun bekommen wir Kritiker noch zusätzlich ein Instrument an die Hand! Es gibt eine Mailanschrift, saf.ighotline@us.af.mil., JAG Corps, ist die oberste Justizinstanz der Streitkräfte der Vereinigten Staaten. Gehen wir zurück, zu den Firmeninformationen, dann sind Amtsgerichte Firmen. Oder? Was sind dann Richter? Firmenange-stellte, welche kein Recht sprechen dürfen? Oder?
Jeder der das Schrottbauen verkauft oder auch der Käufer, ist überzeugt davon, dass man einen gesunden Menschenverstand hat und nach Recht und Gesetz handelt. Das Gegenteil ist Fall.

Die Energieberater zocken überwiegend die Menschen ab und sind immer noch für nichts haftbar zu machen.

Die wichtigste Analyse und Recherche ist in kurzer Zeit ge-macht, ob das heutige verordnete Bauen funktioniert. Bei Neubauten werden unabhängige Menschen beauftragt, die Heizenergieverbräuche nach 3, 5 und 10 Jahren einzusammeln und auszuwerten. Sind die versprochenen niedrigsten Heiz-kosten eingetreten oder haben sie sich gar verdoppelt, wie es Dr. Horn ausgerechnet hat.
Siehe bitte zusätzlich in der Studie von Dietmar Walberg, Kiel von März 2011, "Wohnungsbau in Deutschland - 2011, Moder-nisierung oder Bestandsersatz".

Nach einer Beratung durch Volker Hinz, hat ein Kunde das Erifol-System für sein Haus verstanden. Bei der Nachfrage drei Wochen später, was mit dem Bauvorhaben ist, kommt eine negative Ant-wort. Ein Energieberater hat es wieder geschafft, den Kunden von dem verbrecherischen System zu überzeugen.
Genau dafür ist das Instrument der Mailanschrift! Das Justizsystem des Militärs, hat endlich klare Entscheidungen zu treffen, für den Menschen. Die Quintessenz lautet, weg mit den von der Industrie ausgebildeten Energieberatern. Genauso wird es bei den Bauäm-tern von statten gehen, welche das falsche Bauen genehmigen.

Kapitel IV: Die Funktion der Reflexionsdämmebene und 100% Temperierungs-Lösungen

Text 12: Reflexions-Dämm-Ebene

Die heutigen Dämmstärken von mehr als 40 cm sind bald Geschichte.
Die Reflexionsdämmebene wird gerade mal **1cm** betragen.
Wie auf dem ersten Bild zu sehen ist, kommt im Dachgeschoßaufbau, auf die winddichte Ebene, aus OSB-Platte oder Holzschalung und Folie, ein Abstandsgitter aus PE-Folie, dann die erste Reflexionsfolie, dann wieder ein Gitter und wiederum eine Reflexionsfolie und ein Gitter. Darauf kommt die Verkleidung mit Rigipsplatte oder andere Baustoffe. So kann der gesamte Aufbau nur 2-3 cm betragen, wo sonst ein Vielfaches benötigt wird.

Foto: Jaskulski - Reflexionsdämmebene - Dachgeschoßausbau

Der Fußbodenaufbau ist ähnlich, wie auf dem Bild zu sehen ist. Auf die abgedichtete Betonplatte, kommt das Abstandsgitter, die Reflexionsfolie, das Abstandsgitter, die Reflexionsfolie und wieder das Abstandsgitter. Da das Abstandsgitter tragfähig ist, kann darauf der Fußbodenbelag aus Parkettboden oder OSB-Platte und Fliesen montiert werden. Die dicken Dämmplatten unter der Bodenplatte entfallen, genauso die dicken Dämmungen über der Bodenplatte.

Foto: Jaskulski - Reflexionsdämmebene - Fußbodenaufbau

Text 13: Auf die Reflexionsdämmebene kommt die Wandverkleidung

Im Dachgeschoß auf den Sparren ist unter der Reflexionsdämme-bene, die OSB-Platte oder Holzschalung. Nun kann auf das Ab-standsgitter eine Gipskartonplatte, auf die untere Schalung, montiert werden. Nach den Spachtelarbeiten kann die Oberfläche tapeziert oder gestrichen werden.

Eine weitere Möglichkeit, welche ich favorisiere, ist das Grundieren der Gipskartonfläche und das Aufziehen eines Kalkfeinputzes. Darauf kann die Schlussbeschichtung mit einem Sumpfkalk geschehen. Diese Möglichkeit bringt eine natürliche Oberfläche in den Raum.

Mit diesem Aufbau, erreichen wir eine Konstruktionsdicke von gerade mal **3 cm, drei Zentimeter!**

Es ist generell, darauf zu achten, dass jedes Dachgeschoß genau betrachtet und geplant werden muss. Mit der gewissen Sorgfalt, kann jeder Mensch diese einfachen Arbeiten verrichten.

Text 14: Der Vermieter, Mieter, die Wohnung und der kalte Nachbar, auch von unten und oben

Jeder Vermieter, wenn er nach Leerstand eine Wohnung wiedervermietet, kann mit wenig Aufwand, die Konvektionsheizung umbauen zur Strahlunsgheizung (Temperierung). Die **1 cm** Reflexionsdämmebene wird an Decke, Wände und Fußboden montiert.
Die Heizkörper werden abmontiert.
Einerseits kann an die Leitungsrohre ein Rücklaufbegrenzer montiert werden, welcher die Temperatur der Temperierung regelt. Dabei kann die paralleldurchströmte Heizung an die Decke montiert werden und als Abschluss eine Rigipsverkleidung oder Holzschalung montiert werden.
Andererseits geht auch eine elektrische Temperierung, welche an das vorhandene Stromnetz angeschlossen werden kann, weil die Flächentemperierung der Heizfolien einen geringen Stromverbrauch haben. **Der Elektriker muss das prüfen!**

Text 15: Einfamilienhaus hat intakte Öl- oder Gasheizung

Bei einem Einfamilienhaus, wenn Öl- oder Gasheizung noch sehr gut funktionieren, können Heizkörper ausgebaut oder auch die Fussbodenheizung stillgelegt werden.

Dann einen Heizkreis mit   Mischer und die paralleldurchströmte Temperierung an die Decken oder Fußboden.

Dazu gehört natürlich wieder die thermische Hülle mit der **1 cm Reflexionsdämmebene.**

Kapitel V: Unser Haus auf dem Prüfstand - Beweise - Physik

Text 16: Vermeidung von Konvektion

"Was bewirkt eine Konvektionsheizung?"
Der schnellste und einfachste Weg, die Wirkung zu erleben geht ganz einfach. Viele Menschen drehen morgens vor dem Weg zur Arbeit die Heizung runter oder machen sie ganz aus, um zu sparen. Abends hat sich die Wohnung stark abgekühlt, dann wird die Heizung meistens volle Pulle aufgedreht. Heizt sich der Heizkörper auf, einfach mit dem Gesicht über dem Heizkörper verharren. Es dauert nicht lange, dann wird das Experiment abgebrochen, weil die dreckige warme Luft Unwohlsein hervor ruft. Im Folgenden wird es fachlicher. Mir ist jedoch sehr wichtig, dass es die Menschen verstehen, und nun endlich die gesunde Temperierung einfordern.

*"Durch Ausbildung von Temperaturunterschieden größer gleich 12 Grad oder Luftdruckunterschieden entstehen raumumgreifend wirksame Luftbewegungen. Dabei ist es unerheblich, ob die Heizung mittels einer konventionellen Fußbodenheizung oder normalen Wandheizkörper erfolgt. **Beide Heizsysteme** basieren auf der Erzeugung einer Übertemperatur, welche ihrerseits die Luft im Raum in Bewegung versetzt. Hierbei wird zum einen Staub aufgewirbelt, zum anderen entsteht das Gefühl von Luftzug durch kalte Außenwände. Darüber hinaus kondensiert bei hoher Luftfeuchtigkeit Tauwasser auf eben jenen kalten Innenseiten von Außenwänden, was wiederum Schimmelbefall verursachen kann.*

Ein weiterer Nachteil der Nutzung von Luft zum Wärmetransport besteht darin, dass es zur Austrocknung der Raumluft kommt. Dadurch kann die anzustrebende Luftfeuchtigkeit von 40-60 % nicht oder nur schwer aufrechterhalten werden. Eine zu trockene Raum- und somit Atemluft beeinträchtigt die

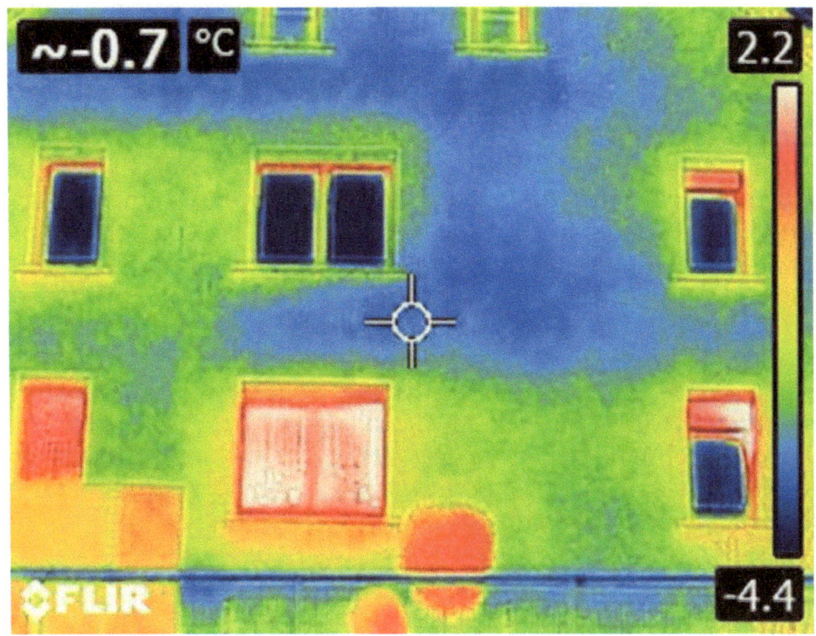

Foto: Dr. Wolfgang Horn - Konvektion und Strahlung sichtbar
an einem Haus nachgewiesen!

Atemwegsfunktion und trocknet zudem die Schleimhäute aus."(6)
Solche ungesunden Zustände sind nicht nur überwiegend in unserem Zuhause vorzufinden, sondern noch viel mehr in den Büroräumen und Arbeitsstätten. Jahrzehnte sind diese Zustände bekannt. Hier zeigt sich, was der Mensch für die Politik und Industrie wert ist! Ganze Wirtschaftszweige profitieren von diesen Zuständen, insbesondere die Schulmedizin und die Pharmaindustrie.

Das bunte Foto zeigt den wundervollen Vergleich zwischen Konvektion und Strahlung an den Fensterscheiben. Dr. Wolfgang Horn (6) schreibt zu dem Foto: *"Es zeigt wie hocheffizient unser Strahlungswärmesystem wirkt. Hier wurde ein Gebäude in der 1.Etage mit unserem System saniert, unten wird weiter konvektiv geheizt.*

Unten lassen die Fenster (rot) Wärme fast ungehindert raus, oben gibt es an den Fensterscheiben (schwarz) NULL Wärmeverluste, der Sturz zeigt jedoch, dass es im Raum warm ist. Das können wir ähnlich auch bei Ihrem Gebäude machen."

"Demgegenüber sind Systeme die ausschließlich auf Strahlungswärme setzen um ein vielfaches effizienter. Beispielhaft für dieses Prinzip sei die Wärmestrahlung der Sonne genannt. Die Erwärmung von Gegenständen, auf welche die Strahlung trifft, erfolgt unmittelbar und abhängig davon, ob es sich um Menschen, Möbel oder sonstige Gegenstände im Raum handelt. Somit wird bei diesem Heizungsprinzip kein Übertragungsmedium benötigt. Letztendlich wird eine behagliche Wärme bei signifikant kleinerem Energieeinsatz erzielt. Darüber hinaus ist ein wesentliches Merkmal der Erwärmung mittels Strahlungswärme, dass der Wärmebedarf des Menschen im Mittelpunkt der Betrachtung steht und nicht der des Raumes, wie es bei konventionellen Systemen der Fall ist.

Das Erifol®-Grundprinzip

Das Grundprinzip des Wärmemanagement-Systems ERIFOL® besteht aus drei Teilen:

*1. Vermeidung **jeglicher** Konvektion - nur Strahlungswärme.*
2. Strahlungswärmeversorgung mit maximaler Oberflächentemperatur der wärmeabgebenden Fläche von 26 Grad.
3. Reduzierung von Wärmeableitung durch die Gebäudehülle mittels Reflexion (Vermeidung des Transmissionswärmeverlustes an der Grenzfläche)."(6)

Der Vergleich zwischen konventionellem Heizsystem und ERIFOL® fällt daher auch sehr drastisch aus!

*"**Kurzfassung:** Das ERIFOL®-System hat gegenüber einem konventionellem System aus Heizung und Dämmung sowohl wirtschaftliche, umweltschonende als auch nutzerfreundliche Vorteile."(6)*

Welche Beweise braucht es noch, bis die Heizungsfachleute endlich den Menschen das Wohlfühlklima in die Häuser und Wohnungen bringen?

Noch ein wichtiges Rechenbeispiel!

Im Schema Konvektion kann jeder die 55 Grad im unteren Bereich des Heizkörpers erkennen. Wenn die **Vorlauftemperatur** zum Beispiel 55 Grad beträgt, wieviel Energie wird dafür benötigt? Volker Hinz (14) brachte mir immer wieder solche Beispiele im Bezug auf die Vorlauftemperatur bei der paralleldurchströmten Temperierung. Bei einer Vorlauftemperatur von 26 Grad, beträgt der Unterschied 29 Grad. **Die Faustformel** beträgt bei einem Grad weniger Vorlauftemperatur, 2% weniger Energieaufwand! **29 x 2 = 58% weniger Energieaufwand!** Klingt unglaublich, abgewickelte Objekte bringen den Nachweis!

Text 17: Das lückenloses 100% Bauwissen

Es gibt in den letzten Jahrhunderten eine lückenlose Sammlung von Baukonstruktions- und Heizungswissen. In jeder Zeit gab es verantwortliche Menschen, welche die Qualität bei 100% gehalten haben.

Es wirken immer Wärme- und Feuchtigkeitseinflüsse auf die Baustoffe. Sie treten zusammen auf, was in der Praxis fast immer der Fall ist.
„Deshalb sind die Begriffe Wärme und Feuchtigkeit kaum voneinander trennbar. Wird kalte Luft - sie kann völlig feuchtigkeitsgesättigt sein - erwärmt, so wird sie relativ trockener; im Bauwerk ergibt sich dadurch ein Austrocknungsprozess.
Die Abkühlung warmer Luft bringt die Gefahr von Kondenswasserbildung mit sich, die akut wird, sowie der Taupunkt der Luft unterschritten ist."(4)

Wenn im Bauwerk ein Austrocknungsprozess in Gang kommt, dann nur bei Baustoffen, die auch Feuchtigkeit über Kapillare abgeben können. Zum Beispiel bei einem Ziegelmauerwerk mit einem Kalkaußenputz. Wenn die Bauschäden des heutigen Bauens abnehmen sollen, dann müssen diese bauphysikalischen Grundlagen gelernt und in die Praxis umgesetzt werden! Eine Außenwand mit Ziegelmauerwerk, mit seinem kapillaren System wird dagegen, sehr schnell entfeuchten.

Das Gegenteil kann bei einem mehrschichtigen Aufbau, also bei einem Fertighaus festgestellt werden. Die meisten Baustoffe darin, können nicht mit Feuchtigkeit umgehen!

Text 18: Feuchtigkeitseinwirkungen auf das Bauwerk

„Feuchtigkeit greift in immer wieder wechselnden Formen die Bauteile an. In Form von Niederschlägen, wie Schlagregen oder Schnee.
*Feuchtigkeit dringt auch in Form von **Wasserdampf** in die Bauteile und Stoffschichten ein und - **wenn es gut geht** - auf der anderen Seite auch wieder heraus."* (4)

Der Wasserdampf tritt normalerweise in die Außenwand ein. Normalerweise war früher, als noch Ziegelmauerwerk mit solch weichem Kalkputz versehen war, dass der Wasserdampf eindringen und durch den Dampfdruck auf der anderen Seite wieder herauskommen konnte. Damals hieß eine klare Regel der massiven Außenwandtechnik,

„Von innen nach außen offener zu bauen!"

Seit der Energieeinsparverordnung (EnEV) 2002, gibt es diese Regel nicht mehr!

Seitdem ist DICHT bauen Gesetz!

Heute werden überwiegend nur 17,5 cm Außenwände aus Kalksandstein geklebt. Wie bekommt man diese Wände dicht? Mit der nichtvermörtelten senkrechten Stoßfuge, entsteht das erste Problem. Wie lange hält der dünne Gipsputz, diese senkrechten offenen Fugen der Wand dicht? Wird die Außendämmung dicht?

Was dabei nicht bedacht wurde, ist das falsche konvektive Heizen! Die Temperaturen der Heizwärme sind höher, als die Oberflächentemperaturen der Außenwand innen. Die warme Heizungsluft kondensiert auf der kälteren Außenwand. Dadurch gibt es einen ständigen Feuchtigkeitseintrag in die Wand. Dieser Eintrag geht bis in die Außendämmplatten, welche auch auffeuchten. Das geht langsam über Jahre!

45 Jahre altes Bauwissen! *„Wärme folgt bekanntlich dem Temperaturgefälle; der Wärmestrom geht immer zur kalten Seite hin, das heißt im Winter von innen nach außen, im Sommer von außen nach innen durch die Umfassungskonstruktionen hindurch.*

***Wie die Wärme, wandert (diffundiert) Wasserdampf im Winter von der warmen Raumluft durch das Bauteil in die kältere Außenluft; im Sommer ist es umgekehrt."* (4)**

Nun gilt! *„Ein Befeuchtungs- oder Entfeuchtungsvorgang, der allein auf dem Wege der Wasserdampfdiffusion vor sich geht, nimmt viel Zeit in Anspruch und transportiert nur sehr geringe Feuchtigkeitsmengen. Wird Feuchtigkeit in flüssiger Form (als Wasser) transportiert, so ergibt sich in kurzer Zeit ein Vielfaches im Vergleich zur Transportleistung von Wasserdampf.*

Bei vielen Baustoffen ist die Fähigkeit zur Feuchteabsorption und -desorption (Feuchtigkeitsaufnahme und -abgabe) unterschiedlich groß.

Nichtkapillare Stoffe (z.B. Gasbeton, Mineralfasern) lassen sich von angreifendem Wasser schnell und gründlich durchfeuchten.

Abgeben können derartige Stoffe das Wasser nur in Form von Wasserdampf. Dazu wird die Zuführung von Wärme (Verdunstungswärme) benötigt, die das Wasser in Dampf zu überführen und außerdem ein Druckgefälle von innen nach außen aufzubauen hat, dem Wasserdampf folgen muß.

***Ein Entfeuchtungsprozess, der nur auf die Dampfdiffusion angewiesen ist, benötigt deshalb unter Umständen Jahre."* (4)**

Das heißt im Klartext!
Mineral- oder Steinwollplatten sind in einem Dachgeschoß oder auf der Fassade tabu!
Jeder gesunde Menschenverstand müsste darauf kommen!

Der Entfeuchtungsprozeß der Dämmkonstruktionen dauert Jahre! Da jedes Jahr ein weiteres Auffeuchten der Dämmkonstruktionen von statten geht, bleibt unter dem Strich ein ständiges Auffeuchten der Konstruktionen. Theoretisch werden diese knallharten Tatsachen beschrieben. Gehandelt wird genau entgegengesetzt.

Nun kommen noch wichtige Zahlen ins Spiel, damit wir uns vorstellen können, wieviel Feuchtigkeit eine Außenwand aufnehmen muss!

„durch Schlagregen etwa 4kg/qm/Tag   Wand ungeputzt
*   etwa 3kg/qm   mit Kalkputz*
*   etwa 1-2 kg/qm   mit Kz-putz*
durch Kondenswasser infolge Wasserdampfdiffusion etwa 0,005 kg/qm/Tag
Die letzte Zahl erscheint gering! Bildet sich Kondenswasser jedoch an 200 Tagen im Jahr, was durchaus möglich ist, dann sammelt sich in der betroffenen Schicht immerhin eine Wassermenge von 200 x 0,005 = 1,0 Kg/qm an." (4)

Theoretisch kann die Wasserdampfdiffusion in den Dämmkonstruktionen nicht mehr bestritten werden. Oder will jemand dieses nachvollziehbare Fachbuch in Frage stellen? Nun kann jeder ausrechnen wieviel Feuchtigkeit in wenigen Jahren die Konstruktion aushalten muss, bis sie kollabiert, schimmelt oder sogar durch das hohe Gewicht von der Fassade fällt.

„Der flüssige und der dampfförmige Feuchtigkeitstransport kann gleichgerichtet oder auch - wenn auch seltener - entgegen gerichtet sein. Auf ihrem Wege kann die Feuchtigkeit ihren Aggregatzustand ändern (instationärer Feuchtedurchgang). Hierdurch wird das Temperaturfeld gestört und der Wärmestrom beeinflußt, denn an der Stelle, an der die Feuchte von der flüssigen in die dampfförmige Phase übergeht, wird dem Material Wärme (Verdunstungswärme) entzogen (im umgekehrten Fall wird Wärme frei). Die kapillare Wasserleitfähigkeit setzt ein Feuchtigkeitsgefälle voraus, sie ist deshalb bei allen Stoffen in hohem Grade von dem vorhandenen Feuchtigkeitsgehalt abhängig. Sie kann nur dann wirksam werden, wenn der gegebene Feuchtigkeitsgehalt über dem „kritischen" liegt.

Bei Ziegelmauerwerk liegt der kritische Feuchtigkeitsgehalt sehr niedrig, etwa bei 1,5 bis 2,5 Vol.-%, es ist deshalb gut wasserleitfähig. **Bei Gasbeton (auch Ytong genannt)** *liegt der kritische Feuchtigkeitsgehalt bei etwa 18 Vol.-%. (4)*

Der gebrannte Ziegelstein ist der unumstrittene 100%-Baustoff für ein gesundes natürliches Haus! Der eine Grund liegt in seinem sehr niedrigen Feuchtigkeitsgehalt. Im Gegensatz liegt der Gehalt beim Gasbeton, besser heute als Porenbeton oder Ytong-Stein bekannt, sieben mal höher!

Der Bauherr sollte bei der Auswahl der Baustoffe darauf achten. Denn diese Steine kommen überwiegend mit einer hohen Feuchtigkeit auf die Baustelle. Was passiert dann mit der Feuchtigkeit in den Steinen?

„Ist weniger Feuchtigkeit als die als kritisch bezeichnete im Stoff vorhanden, kann Feuchtigkeit in Form von Wasser nicht mehr transportiert werden, sondern nur in Form von Wasserdampf. Die Austrocknung erfolgt in diesem Fall wieder nur auf dem Diffusionswege." (4)

Das heißt für das heutige Bauen! Wenn Häuser aus Porenbeton mit einer einschaligen Wand entstehen, ist die Wand sehr dick. Die Steine sind sehr feucht? Häuser werden heute sehr schnell verputzt oder zugedämmt.

Wie lange braucht die Feuchtigkeit, um dann aus dem Stein oder Wand heraus zu kommen?

Schafft sie es überhaupt, wenn die natürlichen Diffusionsvorgänge auch immer wieder Feuchtigkeit in die Wände bringen?
Ist das 100% Bauen? Wir raten davon ab!

Wenn Häuser mit dünneren Porenbetonsteinen hergestellt werden und ein Wärmedämmverbundsystem (WDVS) kommt auf die Wand, was dann? Mit den bis zu 35 cm dicken Styroporplatten ist die Porenbetonwand nach außen abgeriegelt. Da geht kaum noch Feuchtigkeit nach außen durch. Was passiert mit der tragenden Wand?

Sie muss unweigerlich weiter auffeuchten! Denn nach innen wird sie durch die Dampfdiffusion Jahre brauchen, damit sie die Feuchtigkeit los wird. Weil aber auch von innen Feuchtigkeit in die Wand eingebracht wird, bleibt das Risiko des Auffeuchtens!
Ist das 100%-Bauen?
Es ist ein Feuchtigkeitsirrweg ohne Ausweg!

Deswegen ist der Industriezweig Gebäudelüftungen so „erfolgreich", weil damit alle Fehler erstmal kaschiert werden!
Fragt sich nur wie lange?

Text 19: Was geschieht in unseren Außenwänden?

Bei diesem heißen Thema komme ich um das Buch von Prof. Claus Meier; „Richtig Bauen" (5) nicht herum. Ein Wissenschaftler, der sich bis zu seinem Ableben 2015, mit dem kritischen Bauen beschäftigt hat. Ein Mensch wie er, ich kannte ihn persönlich, hat mit seinem Durchblick sehr darunter gelitten, wie das wundervolle Bauen mit der langen Baugeschichte in die falsche Richtung geht! Er hat sein eigenes Wissen über die Diffusionsvorgänge in den Konstruktionen gehabt. Dennoch hat er viele Textstellen aus anderen Büchern zitiert, die seine Sichtweise bestärkten. Er hat auf Seite 260 in (Gabel 81) zitiert:

„Da die Außenwand aus porösen Stoffen aus einem kapillaraktiven System besteht, muss neben der Wasserdampfdiffusion vor allem der Wassertransport durch Kapillarität betrachtet werden, der immer wesentlich leistungsfähiger ist als der Transport durch Diffusion".

Auch in einem weiteren Buch von (Eichler 89) zeigt er die bautechnischen Erfordernisse auf in Bild 7.5

Bild 7.5 Ziegelwand und hohe Luftfeuchte im Innenraum (Eichler 89)
Die drei Bewegungsrichtungen sind gleichgerichtet; nur so wird richtig konstruiert.

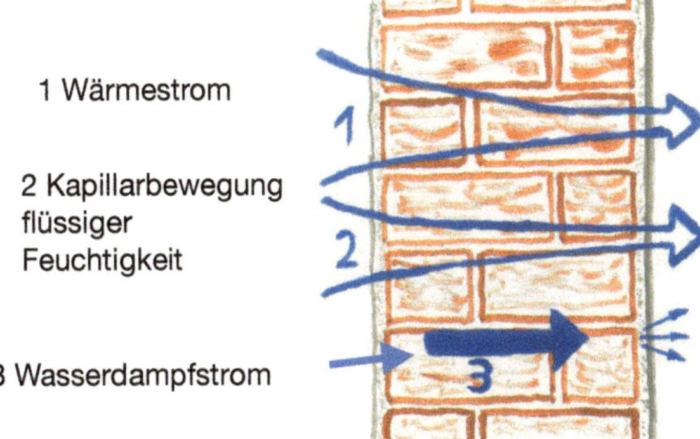

Gemalt: Jaskulski - Feuchtigkeitsbewegungen durch die Außenwand

Diffusionsdichtere Außenputze oder sorptionsdichte Folien und Außenschichten verhindern diesen natürlichen Weg nach außen; es muss dann zwangsläufig nach innen entfeuchtet werden!"(5)

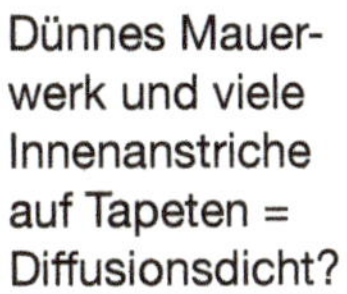
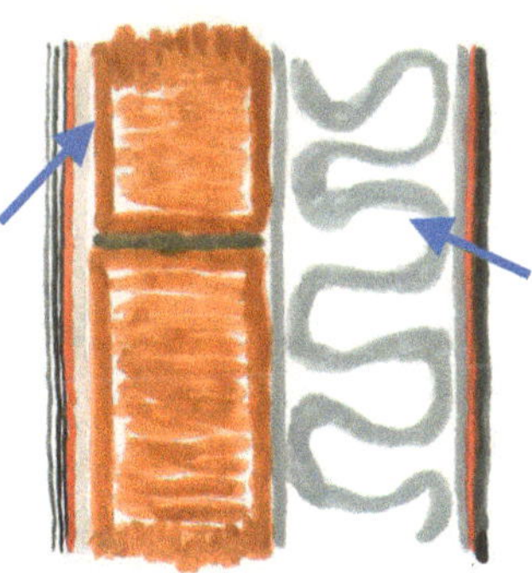

Gemalt: Jaskulski - Gestörter Feuchtigkeitstransport durch WDVS

Nachfolgendes Bild: *„Die drei Bewegungsrichtungen sind hier nicht gleichgerichtet; die kapillare Feuchtebewegung geht wieder zurück*

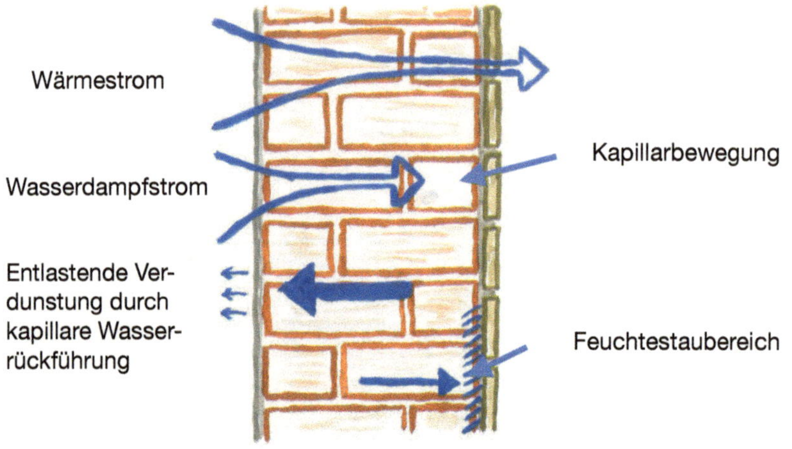

Gemalt: Jaskulski - Feuchtigkeitsbewegung nicht gleichgerichtet?

Wir sehen an diesen einleuchtenden Beschreibungen, dass unser heutiges dichtes Bauen außen und innen, mit allerlei dichten Anstrichen und Folien, keine Zukunft hat. Der Hausbesitzer, Bauherr und Student bekommt in diesem Buch alles, was er braucht, um das heutige Bauen zu hinterfragen und umzudenken. Er bestimmt gegenüber Energieberatern, Architekten und Bauämtern, was gebaut wird!

<u>Wir haben vergessen, wer diese Menschen bezahlt! Der Kunde, der Bauherr mit seinen Familien und die späteren Erben, die sich mit den Schäden herumärgern müssen!</u>

Nur was Generationen nachweislich funktioniert, wird zukünftig gebaut und bezahlt!

Bei Meier (5) steht unter dem „Richtigen Konstruieren", dass eine bauphysikalisch richtige Schichtenfolge in einer Konstruktion maßgebend ist, bei der die einzelnen Diffusionswerte der Baustoffe in Diffusionsrichtung abnehmen.

„Bei sehr unterschiedlichen Diffusionswerten kann für den Winter durchaus eine richtige Schichtenfolge bestimmt werden, die dann aber leider nicht mehr im Sommer stimmt, da sich hier die Diffusionsrichtung umdreht. Eine für das ganze Jahr gültige Schichtenfolge wäre durchgängig die Wahl etwa gleicher Diffusionswerte."(5)

Diffusionswiderstandszahlen!

„Der Vollziegel mit Wert 10 und der Kalkputz mit Wert 12 entsprechen dieser bauphysikalischen Notwendigkeit.

Demgegenüber ist das Wärmedämmverbundsystem (WDVS) bauphysikalisch abzulehnen, da die Diffusionswerte nach außen hin beängstigend zunehmen:
- **Sto-Mineralschaumplatte Wert 3/6**
- **Unterputz Wert 23 bis 34 !**
- **Oberputz bis zu 233 !!**

Tauwasser ist dabei unvermeidlich. Eine kapillare Entfeuchtung der Wand nach außen kann nicht erfolgen; demzufolge kann nur nach innen entfeuchtet werden. Eine diffuse Entfeuchtung ist quantitativ äußerst gering und kann in einer Feuchtebilanz durchaus vernachlässigt werden. DIN 4108 und EN ISO 13788 aber behandeln nur die Diffusion. Der kapillare Feuchtetransport wird totgeschwiegen." (5)

Meiers harte Worte begleiteten ihn die letzten Jahre seines schaffensreichen Lebens. Er war durch und durch verzweifelt kämpfender Bauphysiker.
Er als Wissenschaftler und der große Baukritiker Dipl.-Ing. Architekt Konrad Fischer kämpften nicht vergeblich. Denn es kommen junge Bauingenieure oder einfach Menschen, die sich eingehend mit dieser Materie beschäftigen werden. Das heutige Bauen wird dann abgelehnt.

Im vorherigen Text sind die Diffusionswerte eines WDVS aufgeführt. Die Diffusionswerte von Sto-Produkten(22) kommen direkt von der Firma. Sie brauchen die Diffusionswerte nur miteinander vergleichen und das Thema: **Wärmedämmverbundsystem (WDVS) ist durch!**

Text 20: Bauphysikalische Verflechtungen, immer wechselnde Bedingungen

*„Die Wärmestromdichte wechselt ihre Intensität ebenso oft wie die Wasserdampfstromdichte. Das Temperaturgefälle ändert sich unaufhörlich, wovon das Dampfdruckgefälle beeinflußt wird. **Auf Perioden der Erwärmung folgen immer Perioden der Abkühlung. Ebenso wechseln Perioden der Feuchteabsorption mit denen der -desorption.“(4)***
Absorption heißt hier, dass zum Beispiel der Ziegel Feuchtigkeit aufnimmt und bei Desorption wieder abgibt. Aus diesen Verflechtungen, der verschiedenen, immer wechselnden bauphysikalischen Abläufe, ergibt sich das Rechnen nach dem U-Wert-Effektiv.

„Die Summe aller Prozesse bestimmt zusammen mit der Struktur und Schichtenfolge des Bauteils seine Eigenfeuchtigkeit."

Grundsätzlich *ist es günstig, wenn diese so niedrig wie möglich ist. Es ist somit erwünscht, dass sich die im Bauteil befindliche Feuchtigkeit entweder in Form von Wasser mit Hilfe der Kapillarkräfte des Stoffes und einem entsprechenden Feuchtigkeitsgefälle folgend zu den Oberflächen zieht, um dort zu verdunsten, oder als Wasserdampf dem Druckgefälle folgend dorthin diffundiert, wo es absolut trockener ist.“ (4)*

Auch hier kommt die Antwort vom Erifol®-System!

Das System wird innen montiert. Es ist dicht. Das heißt, dass von innen keine Feuchtigkeit mehr in die Außenwand gelangen kann. Mit der Temperierung würde das so und so nicht gehen! Kommt von der Fassade keine Feuchtigkeit in die Außenwand, kann die feuchte Außenwand durch das Feuchtigkeitsgefälle nach außen immer mehr abtrocknen!
Es gibt keinen Taupunkt mehr!

Das Erifol®-System wird von der KfW gefördert und ist nach über 15 Jahren aus den Kinderschuhen raus. Es wird Zeit, dass die **neue Physik** endlich gelehrt wird.

Text 21: Formänderungen in den Bauteilen

Die Außenwand wird in zwei Teile geteilt. Innen wird das Erifol®-System montiert und außen der Außenputz, das Sichtmauerwerk oder die Verkleidungen brauchen nur die Formänderungen in den Bauteilen beachten!

Die Palette der bauphysikalischen Prozesse ist sehr lang. Durch das mehrschichtige Bauen mit unterschiedlichsten Baustoffen und deren Eigenschaften, ergeben sich im Winter und im Sommer große Formveränderungen in den Bauteilen. Die Baustoffe müssen damit umgehen können.

„Die meisten Bauteile und -elemente haben die Gestalt einer Platte. Diese Platten behalten die ihnen verliehene Form nicht bei, sie verändern sie ständig. Wird dabei das Verhältnis der einzelnen Abmessungen zueinander nicht gestört, spricht man von einer Isotropen (richtungsunabhängigen) Volumenänderung. Sie ist z.B. gegeben, wenn es gelingt, eine Glaskugel völlig gleichmäßig zu erwärmen. Ihr Volumen nimmt dann zu, dabei bleibt die Kugelgestalt jedoch erhalten.

In der Praxis ist dies meist anders. Schon die im Naturstein eingesprengten Kristalle unterliegen bei Erwärmung einer anisotropen Formänderung (Volumenzunahme), das heißt sie dehnen sich in einer bestimmten Richtung mehr als in einer anderen.

Die eine Formänderung auslösende Erscheinung kann sowohl Wärme als auch Feuchtigkeit sein. Jeder feste Körper und jedes Gas nimmt bei Wärmeabsorption, die mit einer Temperaturerhöhung verbunden ist, volumenmäßig zu und umgekehrt. Aber auch jeder Stoff, der Feuchtigkeit absorbiert, vergrößert sein Volumen.“ (4)

Absorption heißt Aufnahme, z. B. Aufnehmen, aufsaugen von Feuchtigkeit oder Flüssigkeit. Wir bedenken, dass eine Außenwand aus einer dünnen tragenden Kalksandsteinwand besteht und mit einem Wärmedämmverbundsystem (WDVS) versehen ist!
Das WDVS ist gegeben mit der Klebefuge, mit der weichen Dämmplatte aus Styropor oder Mineralwolle. Hinzu der überfeste Oberputz, sowie die noch festere Beschichtung (z.Bsp. Silikonharzfarbe).

Welche bauphysikalische Begründung gibt es, dass dieses System an unsere Hauswände montiert wird?
Vier verschiedene Baustoffe mit verschiedenen Festigkeiten und Diffusionswiderständen!
Wie können die Baustoffe mit Feuchtigkeit umgehen?
Heute werden immer mehr kräftige graue, rote oder blaue Farben verwendet. Dunkle Farben auf der Fassade erhitzen sich auf über 60 Grad im Sommer oder Spätsommer! Bei klarer Nacht, können sich sogar Frostgrade auf den Fassadenteilen zeigen! Einfach die Wärmebildkamera objektiv und neutral verwenden! Im Sommer morgens um 4-6 Uhr, wenn es sehr kalt ist, sind Minusgrade auf der Fassade keine Seltenheit!

Da muss die Farbe, der darunterlegende Putz auf der sehr weichen Oberfläche der Dämmplatten funktionieren, wo ständig ein Dehnen und ein Zusammenziehen der Baustoffe stattfindet!
Jeder gesunde Menschenverstand muss da zum Nachdenken kommen!

„Stoffe, die bereitwillig Feuchtigkeit absorbieren, unterliegen damit entsprechenden Quell- und Schwindprozessen. Zu diesen Stoffen zählt in erster Linie Holz. Für alle Holzprodukte und holzhaltigen Baustoffe ist die Tatsache typisch, daß ihre Quell-Schwind-Maße bedeutend größer sind als ihre Dehn-Schrumpf-Maße. Nun gibt es eine ganze Reihe wichtiger Baustoffe, die sowohl temperatur- als auch feuchtigkeitsbedingte Formveränderungen durchführen. Dies ist z.B. bei Leichtzuschlagstoffbeton und verschiedenen Leichtbetonarten, bei Gips und Anhydrit und vielen Schaumstoffen der Fall. Hierbei überlagern sich die einzelnen Bewegungen oft so, daß sie eine entgegengesetzte Tendenz aufweisen." (4)

Auch für mich ist es schwer nachzuvollziehen, was es alles für unterschiedliche bauphysikalische Prozesse in Baustoffen gibt. Aber für jeden Planer, Handwerker und auch interessierten Laien wird hier deutlich, dass das ganze Bauen heute nicht nur von dem Wort „Dämmen" abhängen kann! Zwischen Theorie und Praxis ist immer ein Unterschied, wie folgend beschrieben wird.

*„Man kann deshalb nicht, wie es in der Literatur teilweise gemacht wird, **einfach** die zu erwartenden maximalen Schrumpf-, Schwind- und Kriechmaße **addieren**. Das würde nur richtig sein, wenn alle Einflüsse, die eine Längenverkürzung zur Folge haben, gleichzeitig auftreten. **Dies ist jedoch selten der Fall.**" (4)*

Der U-Wert geht davon aus, dass alle Einflüsse immer gleich sind und sich nie ändern! Die Realität sind aber die immer wechselnden Bedingungen. Diese werden mit dem U-Wert-Effektiv abgehandelt!

Das Fazit unter den Formveränderungen fällt auch sehr deutlich aus!

„Für das Verständnis bauphysikalischer Belange ist die Berücksichtigung der temperatur- und feuchtigkeitsbedingten Form- und Längenänderungen von erheblicher Bedeutung; zahllose Schäden werden durch Nichtbeachtung dieser unvermeidlich auftretenden Bewegungsprozesse verursacht." (4)

Das ist das Fazit für das heutige Bauen! Dieses Fazit ist schon vor über 40 Jahren gefällt worden. Zahllose Schäden werden verursacht, weil es heute dafür keine Ausbildung mehr gibt.

Die Handwerkskammern haben das Dämmen als höchste Priorität übernommen und lehren diese bauphysikalischen Prozesse nicht! Sonst gäbe es längst das U-Wert-Effektivbauen und keine Bauschadensfallen mehr! Deswegen gehören die Handwerkskammern bei der JAG (Justizsystem des Militärs) genauso angezeigt.

Text 22: Frosteinwirkungen auf Baustoffe und Bauteile

Die Frosteinwirkungen sind in unseren Breiten, jeden Winter zu erwarten. Auch wenn die Winter immer wärmer werden, das große Problem sind die **Frost-Tau-Wechsel!** Also das ständige Frieren und wieder auftauen, was sehr viel im Tag und Nacht-Rhythmus stattfindet.

*„Nirgends tritt die enge Verflechtung von Wärme und Feuchtigkeitseinflüssen deutlicher in Erscheinung als bei Frostschäden. In der Praxis ist weniger die „Schärfe" des Frostes auch nicht seine Dauer von Bedeutung, sondern vielmehr das **Passieren der Null-Gradgrenze**, also die Frost-Tau-Wechsel." (4)*

Die Menge der Frost-Tau-Wechsel läßt wirklich aufhorchen.

*„Sie ereignen sich im Flachland jährlich durchschnittlich etwa **80 mal,** im Mittelgebirgsklima **etwas 100 mal,** in den Polarländern **250 mal.** Die Verwitterung von Fassaden aus Natur-, Betonwerkstein, Putz, Beton, von Betonfahrbahnen und -straßen usw. wird durch die Häufigkeit der Frost-Tau-Wechsel gefördert.*
Offene Kapillaren und Poren können nicht zu Frostabsprengungen führen."(4)

Das ist wieder ein klares Zeichen für den gebrannten kleinformatigen Ziegelstein mit seinem wirksamen Kapillarsystem!

Die wichtigsten bauphysikalischen Prozesse habe ich durchleuchtet, um dem interessierten Leser aufzuzeigen, warum das 100%-Haus ganz funktionieren kann. Es gibt noch weitere Prozesse, wie Korrosion, Erosion und Verwitterungserscheinungen. Hohlräume unterscheidet man in Großhohlräume und Kleinhohlräume, die auch erhebliche Einflüsse haben.

Bei der Wirkung von Dampfbremsen kann noch hervor gehoben werden:
„Durch Undichtigkeiten der Dampfsperrschicht, die praktisch kaum zu vermeiden sind, dringt Feuchtigkeit in Form von Wasserdampf in die Poren des Dämmstoffes ein. Schlägt sie sich nieder, so dass Wasser gebildet wird, so verbleibt sie im

Dämmstoff, der allmählich auf diese Weise immer feuchter wird." (4)
Das Problem zeigt sich im Dachgeschoß immer mehr in den heutigen Dämmkonstruktionen. Gefrorene Dämmung ist der Albtraum einer Dachkonstruktion. Deswegen kommt statt der Dachdämmung, die Reflexionsebene mit dem Erifol®-System.

Gemalt: Jaskulski

Text 23: Kriterien der Werkstoffe - 100% Baustoff

Um ein 100%-Haus zu konstruieren, muss es 100%- Baustoffe geben. Für mich selbst ist es eine große Herausforderung die 100 % zu erreichen.
Ist es der Ziegelstein, der als Baustoff die 100% erfüllt? Damit 100 Prozent definieren werden können, sind die Kriterien der Werkstoffe im Fachbuch „Bauphysikalische Entwurfslehre Band 2 (4) eine entscheidende Hilfe.

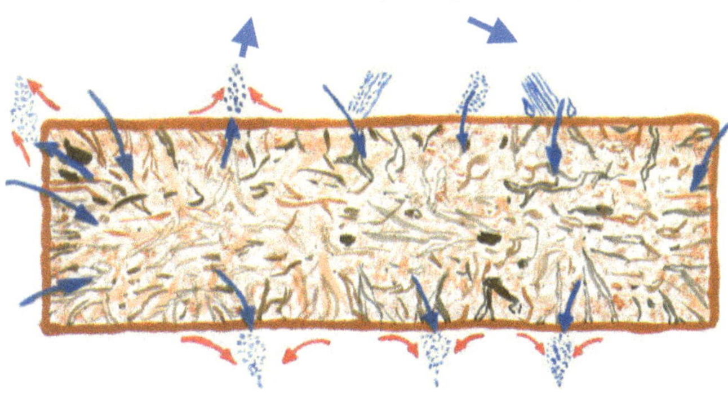

Gemalt: Jaskulski - Gebrannter Ziegelstein Format Normalformat (NF) aus der Sicht des Maurermeisters mit genialen Kapillarsystem

„Die Zellstruktur eines Stoffes bestimmt sein bauphysikalisches Verhalten, dessen wichtigste Kriterien folgende sind:

- *die Leitfähigkeit und das Speichervermögen für Wärme*
- *die Fähigkeit zur Feuchtigkeitsaufnahme aus der Luft (Hygroskopie)*
- *die Fähigkeit, Feuchtigkeit in Form von Wasser zu transportieren (Wärmeleitfähigkeit, Kapillarleitfähigkeit)*
- *die Fähigkeit der Feuchtedesorption (Austrocknungsvermögen)*
- *die Resistenz des Stoffes gegenüber Feuchtigkeitsangriffen*
- *die Neigung zu Form- und Volumenänderungen infolge der Einflüsse von Temperaturen und Feuchtigkeit*
- *das Brandverhalten des Stoffes*
- *die Temperaturbeständigkeit bei hohen und tiefen Temperaturen*
- *die Temperaturwechselbeständigkeit (bei Abschreckungen oder stark auftretender Besonnung)*
- *die Festigkeitseigenschaften und ihre Änderung unter der Einwirkung von Wärme und Feuchtigkeit*
- *die Beständigkeit gegen Korrosion und Erosion*
- *die Witterungs- und Alterungsbeständigkeit des Stoffes."(4)*

Wer hätte gedacht, dass die Baustoffe so viele Kriterien erfüllen müssen. Was Physiker, wie Dr.-Ing. Friedrich Eichler, schon vor Jahrzehnten alles wussten und zusammengetragen haben, ist gewaltig. Es ist nun ganz einfach, dass diese **12 Punkte an den jeweiligen Baustoffen überprüft werden.**
Wir brauchen nur den Ziegelstein und den meistverkauften Dämmstoff Polystyrol (Styropor) gegenüber stellen. Der Dämmstoff fällt glatt durch! Der Ziegelstein ist ein Baustoff, der über viele verschiedene Fähigkeiten verfügt.

Bild: Jaskulski - Sichtbare Außenwände im Kreuzverband

In Niedersachsen, wo die meisten roten Backsteinhäuser oder Ziegelhäuser stehen, kann jeder Fassaden bewundern, die Jahrzehnte keine Fugenreparaturen benötigten. Als Maurermeister, der Anfang der Achtziger Jahre des vorigen Jahrhunderts noch die besten gebrannten Ziegelsteine verarbeiten durfte, erkenne ich natürlich an der Fassade, ob es sich um einen weichen Stein oder eher um einen festeren, klinkerähnlichen Stein handelt. Da sieht man an den Steinen kaum Erosionen oder Verwitterungen. Der Ziegelstein muss von bester Qualität sein und ein umfangreiches Kapillarsystem besitzen. Bei unserer modernen Technik ist die Herstellung kein Problem denn der Ziegelstein einer funktionierenden Fassade muss keine hohe Festigkeit besitzen.

Text 24: 100%-Dachkonstruktionen in Neubau und Altbau- die Idee zur 100%-Dach-Revolution

Grundsätzlich sind die heutigen Dämmkonstruktionen, die geplant, genehmigt und ausgeführt werden, ohne **Wert**. Sie haben mit bauphysikalischen Wissen wenig bis nichts zu tun.
Bauphysikalische Prozesse, die zu 100% immer auftreten, lassen die meisten Konstruktionen durchfeuchten und kollabieren. Die Beschreibungen und Erklärungen im Buch von Eichler (4) sind vor 50 Jahren so einleuchtend und überzeugend, dass ich sie Ihnen nicht vorenthalten möchte.

„Warme Luft und Wasserdampf im Innenraum haben einen starken Auftrieb, sie greifen deshalb in erster Linie die Dachdecken an, weniger die Außenwände, die dem Wasserdampf, der nach oben entweichen will, nicht im Wege stehen und außerdem meist durch ihre Fenster diffusionsdurchlässig sind.“

Vor 50 Jahren als das Buch(4) geschrieben wurde, waren die Gegebenheiten noch ganz anders. Die Außenwände waren durch ihre überwiegend natürlichen, diffusionsoffenen Baustoffe dampfdurchlässig. Die Fenster waren aus Holz und diffusionsdurchlässig.

Heute ist alles dicht! Dichtbauen und Dichtbauen ist aber nicht das Gleiche, wie wir mit den 2. Systemen;
- heutiges Dichtbauen nach dem U-Wert

und

- dem Dichtbauen mit dem Erifol®-System

Dieses Buch „Bauphysikalische Entwurfslehre" ist eine hundertprozentige Grundlage für sicheres bauphysikalisches Verstehen.

Wir müssen alle mit dem Wissen um das Erifol®-System im Dichtbauen umdenken. Der Unterschied ist in dem Dichtbauen, dass es bei dem Erifol®-System nachweislich Sinn macht und beim Dämmbauen nachweislich keinen Sinn.
Wer als Bauherr ein 100%-Haus haben möchte, braucht einen Planer, der dieses Buch versteht. Wenn er es versteht, kann er nicht mehr planen wie bisher. Sie als Bauherr müssen die Planung Ihres Hauses zu 100% regieren, damit sie die 100 % Qualität bekommen!
Die Welt dreht sich gerade immer schneller!

„Die moderne Zeit geht dann etwa in den 1920er Jahren zum flachen Dach über (Bild 309), Es hat immer noch einen durchlüfteten Dachboden. Diese Dachkonstruktion ist dem traditionellen Dach somit noch verwandt, und es ist kein Zufall, dass es sowohl im Winter als auch im Sommer bei richtiger Ausbildung wärmedämmtechnisch das leistungsfähigere und diffusionstechnisch das ungefährlichste ist (dies kann sich allerdings bei Fehlkonstruktionen gründlich ändern!)" (4).
Genau da liegt das Problem! **Das U-Wertbauen** hat die Fehlkonstruktionen hervorgebracht!
Auf dem Reißbrett lässt sich alles aufmalen, wie es auch Paul Bossert beschreibt. Aber Baukönnen kommt von Erfahrung. Die Erfahrungen haben wir in den letzten Jahrzehnten gemacht. Erfahrungen der Industrie mit höchsten Wachstumsraten und höchsten Bauschadensraten in Milliardenhöhe, die die Menschen zu tragen haben. Nun kommen die wegweisenden Textstellen für ein Dach!

„Die Oberschale bildet den Schirm gegen Wasser, Schnee, Wind und Sonnenstrahlung.
Die Unterschale leistet in erster Linie nur Wärmedämmung!(4)

Das Erifol®-System hat die Wärmedämmung (Folie) innen und die paralleldurchströmte Heizung. Richtiges Denken damals und heute!

*"Entfällt nun der Dachbodenraum ganz, so bleibt nur **eine einzige Dachschale** übrig, die die Warmluft des Baukörpers von der Außenluft trennt und alle bauphysikalischen Aufgaben **allein** zu übernehmen hat.*
*Hierdurch entstehen neue, keineswegs unwesentliche Probleme. Es ist ja aus dem zweischaligen Dach nicht nur ein einschaliges geworden, sondern es ist gleichzeitig aus **dem diffusionsdurchlässigen, steilen Dach ein flaches, dichtes Dach** geworden."(4)*

Dieses folgende Bild ist vor 5 Jahren entstanden, als ich das erste 100% Hausbuch schrieb. Auch wenn unsere Reflexionsdämmebene in Verbindung mit der Temperierung die 100% Dachkonstruktion bildet, wird es immer Menschen geben, welche die Reflexionsfolie ablehnen und das natürlichste Bauen bevorzugen. Deswegen lasse ich das Bild im Buch und könnte mir vorstellen, dass eine Reflexionsfolie zumindest außen als sommerlicher Wärmeschutz montiert wird.

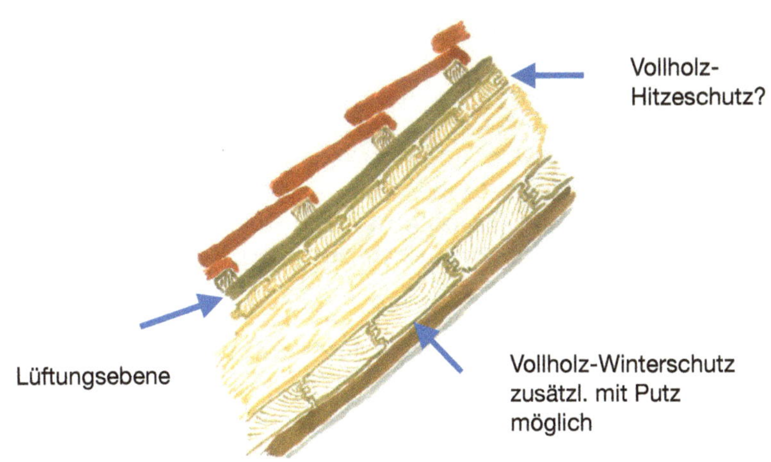

Gemalt Jaskulski - Vollholzdicken müssen aus Erfahrungen und logischem Denken festgelegt werden! 30 Jahre Erfahrung fehlen! Universitäten dürfen wissenschaftlich erforschen!

Der Dachbodenraum ist heute überwiegend Wohnraum, für den eine einschalige Dachkonstruktion funktionieren muss. Diese Konstruktion soll und muss dicht sein! Von außen ist dies nicht möglich, weil durch die Dampfdiffusionsumkehr im Sommer, der Dampf von außen in die Dämmkonstruktion drückt.

Von innen kann nie eine hundertprozentige Dichtigkeit über die **Lebensdauer der Konstruktion** gewährleistet werden, weil Kunststoffklebebänder mit der Zeit aufgeben und trocknende Dachstühle schrumpfen und sich zusammenziehen oder Altbauten verdrehte Dachbalken besitzen, um nur einige Beispiele zu nennen.

Hier noch ein sehr wichtiger Punkt aus dem Fachbuch (4) zur Verdeutlichung der Temperaturvorgänge! Bei einem Experiment wurden im Sommer bis 28 Grad Lufttemperatur gemessen. Gegen 16 Uhr wurde folgende Situation festgehalten und in einem Diagramm wurden alle Temperaturgänge aufgezeichnet.

*„Die Außenluft befindet sich in der Abkühlung. Die **Oberfläche** der Betondachdecke erreicht gerade ihr Temperaturmaximum. In der **Mittelzone** der Decke steigt die Temperatur noch an, in der **Unterfläche** der Decke wird das Temperaturmaximum erst 4 Stunden später erreicht. Es laufen somit innerhalb eines Konstruktionsquerschnitts **gleichzeitig Erwärmungs- und Abkühlungsvorgänge ab**!*
Dies macht man sich meist zu wenig klar." (4)

Vor 50 Jahren waren alle bauphysikalischen Vorgänge klar, in Anbetracht des Entwicklungsstandes. Da hat es noch keine **Reflexionsdenkenden und die Reflexionsfolie** auf dem Bau gegeben. Hier zeigt sich, was sich in **wahrhaftigen und freien Köpfen** entwickeln kann.

Die Konsequenz und Lösung kann nur sein:
Hinterlüftete Vollholzkonstruktionen werden die nichtfunktionierenden einschaligen Dämmkonstruktionen ablösen.

„Dachdecken unterliegen nicht nur jährlich, sondern täglich und unter Umständen stündlich erheblichen Temperaturschwankungen."(4)

Aus allem was bisher geschrieben wurde ergibt sich für mich die
hinterlüftete Dachkonstruktion!

<u>Voraussetzung: Diffusionsoffene Baustoffe!</u>

Die hohe Speicherfähigkeit des Holzes eignet sich wohl am besten
für diese Konstruktion. Wenn die Menschen verstehen, welch gro-
ßes Potential in diesem hervorragenden Fachbuch (4) steckt, dann
werden sichere 100%-Dachkonstruktionen die heutigen Dämmkonstruktionen ganz schnell ablösen.

100%-Baustoffe für das Dach:
- Vollholz 4-6-8 cm dick (Erfahrungen und Messungen fehlen)
- Kalkhanfplatten mit Kalkputz
- Schilfrohrmatten mit Putz

Trockene Dächer und Häuser, Wohlfühlwärme und niedrige Ver-
brauchszahlen sind die beste Werbung für das 100%-Haus.

**Kapitel VI: 100 % Lösungsangebote - Altbau - Anbau und
Fassade - Keller - Erifol®-System**

Text 25: Bewährtes Bauen

Für den Altbau gilt das Gleiche wie für den Neubau.
Es ist immer wieder festzustellen, das an alten Gebäuden mit
Edelputz oder rotem Backstein, gedämmte, ganz andersfarbige
Anbaukisten verwirklicht werden.
Wenn das funktionierende Bauen langfristig stattfinden soll, dann
muss die Wende vom U-Wertbauen zum U-Wert-Effektivbauen ge-
schehen.

Denn alte Gebäude, ob mit einschaligen oder zweischaligen Außenwänden, die schon hundert Jahre stehen und funktionieren,
dürfen von heut auf morgen von außen nicht dicht gemacht werden.

Nur durch das verordnete U-Wertbauen kommt es zur gedämmten Kiste. Sonst würde kein Baumeister auf den Gedanken kommen, etwas vollkommen Fremdes und Abartiges an die Fassade zu montieren oder auf das Grundstück zu stellen.

Denn mit dem Dämmen des alten Hauses oder dem Anbau wird das bauphysikalische Gleichgewicht des Hauses empfindlich gestört. Das zeigt sich heute in den zunehmenden Feuchtigkeit- und Schimmelschäden.

Text 26: Erste Maßnahme zur Kellerentfeuchtung

Ein Großteil der Kellerabdichtungsfirmen, verkaufen das teure Freischachten der Kelleraußenwände, in Verbindung mit einer nachträglichen Horizontalsperre, bzw. Bohrlochkette und flächiger Dickbeschichtung.
Das ist vor allem, Geld machen auf Kosten des Kunden!
Grundlage jeder Kellerinstandsetzung sind die Voruntersuchungen dazu, was zur Kellerfeuchtigkeit führt oder geführt hat! Im Keller, in überwiegend unbewohnten Räumen sind Lüftungsanlagen, die wenig Energie verbrauchen, sinnvoll!

Wenn kein drückendes Wasser von außen in das Haus eindringt und trotzdem große Feuchtigkeit im Keller vorhanden ist, hat das andere Gründe!
Heute gibt es viele Betonkeller, die von außen dicht aber trotzdem innen sehr feucht sind. Der Schimmel sucht sich seinen Weg überall hin, auch in Schränke und Kleidungstücke. Häufig wird durch falsches Lüften, die Kondensfeuchtigkeit regelrecht in den Keller geholt.

Meistens passiert das im Sommer. Wenn die Fenster dauerhaft auf Kipp gelassen werden. Dann kann die warme und vielfach auch feuchtere Luft in den Keller gelangen und an der kälteren Wand kondensieren. Diese wird regelrecht feucht auf der Oberfläche. Das ist wie auf einer kondensierenden Glasflasche, die aus dem Kühlschrank genommen wird. Das gilt für jedes Kellermauerwerk, ob Ziegelmauerwerk, Naturstein- oder Kalksandsteinwände.

Die erste Maßnahme, wenn Keller modrig riechen und die Gegenstände mit Schimmel überzogen sind, sollte eine automatische Lüftung sein oder doch eine Temperierung, wie später noch festgestellt wird.

Lüften ist nur dann sinnvoll, wenn die absolute Feuchtigkeit aussen deutlich niedriger ist, als innen. Mit der Taupunktdifferenz von 5 Grad werden im günstigen Fall bis zu 10 Gramm Wasser pro Kubikmeter transportiert. Damit wird deutlich, dass eine viel trockenere Luft benötigt wird, um einen feuchten Keller im Laufe der Zeit und auf Dauer trocken zu bekommen.

Durch den Einbau einer automatischen Be- und Entlüftung kann schnell Abhilfe geschaffen werden. Eine integrierte Taupunkt-Lüftungssteuerung belüftet die Räume nur, wenn die Außenluft in der Lage ist, Feuchtigkeit aufzunehmen und zu transportieren. Wenn die Taupunktmessung ergibt, dass die Taupunkttemperatur aussen um 5 Grad niedriger ist, als die Taupunkttemperatur im Keller, wird automatisch belüftet.

Die Mehrkosten für ein Aufschachten der Umfassungswände können damit eingespart werden. Diese Bautechnik ist eine 100%-Lösung, weil sie nachweislich die Feuchtigkeit im Keller verringert!

Im 7. Kapitel zeigt die Temperierung, was sie im Keller kann. Der Energieaufwand und die Kosten dafür sind aber um einiges höher. Dafür kann der Kellerraum aber auch als Wohnraum genutzt werden, ohne Gefahr der Schimmelbildung.

Text 27: Entfeuchtungsputz und Sanierputz

Wie gehe ich mit den beschädigten Putzflächen um? Meine praktischen Erfahrungen der letzten Jahre in Verbindung mit dem richtigen **Entfeuchtungsputz** haben zu den besten Ergebnissen geführt.

Nach oder während der Entfeuchtung des Kellers müssen die zumeist salzbelasteten Putzflächen abgestemmt werden.

Ich habe viele Sanierputze verarbeitet und ausgiebig kennengelernt. Vor 30 Jahren kamen verstärkt die ersten Sanierputze auf den Markt, die sich aber vermehrt als Opferputze herausgestellt haben. Die Salzbelastungen der Wände waren oft so hoch, dass diese Putze wieder abgesprengt wurden. Das Putzgefüge der Sanierputze funktionierte nicht richtig. Dazu kam Mitte der neunziger Jahre, dass der Putz in der Endfestigkeit viel zu fest wurde und viele Risse entstanden.

Dabei gab es zu dieser Zeit schon den Entfeuchtungsputz als **Hydromentputz**, den ich vor 8 Jahren kennen gelernt habe.
In einem tiefen Keller des Münchner Isargebietes konnte ich diesen Putz durch einen anderen Putzprofi kennenlernen. Die salzbelasteten und feuchten Putze wurden abgestemmt. Mürbe Mauerwerksfugen wurden ca. 2-3 cm tief ausgekratzt.

Kies, Zement und Wasser bildeten die Grundbasis für den Putz. Man könnte denken, dass ist eigentlich die Grundlage für einen Betonestrich. Dazu kommt ein Wirkstoffkonzentrat, ein sogenannter Luftporenbildner. Gemischt werden muss ca. 10 Minuten, damit sich die Luftporen bilden können.
Dieser Putz bewirkt, dass die Salze nicht mehr den Putz zerstören und verhindert die Abplatzungen.

Die Estrichbetonbasis bewirkt ein sehr schnelles Abbinden auf der Wand. Die Wand wird vor dem Schließen der Fugen, dem Ausgleichsputz und der Funktionsschicht, bis zur Sättigung vorgenässt. Damit sind die Salze gelöst.

Beim Mischen des Putzes, der am Anfang so schwer ist wie Estrichbeton, wird der Putz immer leichter. Der Luftporenbildner zeigt die richtige Wirkung. Aus dem schweren Estrichgemisch wird ein Leichtputz im richtigen Porengefüge!

Beim Auftrag der Funktionsschicht, die mindestens 2 cm betragen muss, werden die flüssigen Salze sehr schnell gebunden und können nicht kristallisieren, wenn der Putz durch den Zement schnell anzieht. Nach dem Anziehen des Putzes (nach ca. 3-5 Std. je nach der Temperatur) wird mit einem Gitterrabott die Oberfläche aufge-

rissen bzw. aufgeraut. Der Hersteller liefert genaue Verarbeitungs-
angaben.

In München wurde neben den Putzarbeiten auch eine automatische Lüftungssteuerung eingebaut. Nach nur einem Jahr führten
wir noch weitere Arbeiten im Keller aus und konnten feststellen,
dass der Keller sehr trocken war. Und das in 3 m tiefen Kellern, die
immer mit Feuchtigkeit von außen zu kämpfen haben!

Mittlerweile gibt es das Wirkstoffkonzentrat seit über 40 Jahren.
Immer wieder halfen mir die Erfahrungen anderer Praktiker, dass
ich 100%-Bautechniken kennenlernen und deren positive Wirkun-
gen am Bau erleben durfte.

Text 28: Fassade nachträglich am Altbau dämmen?

Alle bauphysikalischen Prozesse, die wir in diesem Buch zusammen behandeln, verneinen diese Frage! Das U-Wertbauen hat die
heutigen bauphysikalischen Prozesse hervorgebracht. Sie führen
zu Feuchtigkeitsschäden und Schimmelbildung. Darüber hinaus ist
es das unwirtschaftlichste Bauen!
Auch sonst spricht alles gegen eine nachträgliche Dämmung auf
der Fassade, weil sie fast zu 100% aus **Sondermüll** besteht.

Die **Wirtschaftlichkeit** muss immer gegeben sein. Sie wird außerdem gefordert von der Energieeinsparverordnung (EnEV) § 25 Be-
freiungen. Bei Youtube: „BauTV Richtig Bauen" ist dazu auch ein
Video hochgeladen. Es ist ganz einfach, die Wirtschaftlichkeit aus-
zurechnen. Heute 2022 gilt das Gebäudeenergiegesetz, wo das
Gleiche gefordert wird. **Nur wer hält sich daran?**
Mit dem ERIFOL®-System ändert sich alles!

Dazu unterbricht die Dämmung auf ein alten Haus das bauphysika-
lische Gleichgewicht für immer! Entgegen einer Verbesserung des
Hauses kommt es bis zum Abriss dieser Fassadentechnik, zu einer
Verschlechterung des gesamten Hauszustandes.

In zwei Büchern (1) vom Institut für Bauforschung e.V. in Hannover,
sind schon seit 2006 Instandsetzungsintervalle und die Instandset-

zungskosten von ausgewählten Fassadentechniken aufgeführt. Dabei hat ein Wärmedämmverbundsystem (WDVS) in 80 Jahren gegenüber einem Verblendmauerwerk ca. **460% höhere Kosten** und gegenüber einem Haus mit Edelputz **360% höhere Kosten.**
Das sind Zahlen, die kaum zu glauben sind. Das überhaupt solch ein System auf unsere Häuser kommt, ist reine Zeit- und Geldverschwendung.
An allen gedämmten Häuserfassaden kann abgelesen werden, insbesondere wo sich Bäder befinden. Meistens stehen die Fenster auf Kipp, wo die warme feuchte Heizungsluft an den Fensterstürzen kondensiert und sich die Algen bilden!
Früher gab es die Baupolizei. Heute hätte sie alle Hände voll zu tun dieser Energievergeudung einen Riegel vor zu schieben.
Deswegen ist es reiner Unsinn, dieses System zu verkaufen oder mit seiner **Unterschrift** in Auftrag zu geben. Es ist einfach nicht zu glauben, dass darüber zu wenige Menschen Bescheid wissen. Es gibt 100%-Bauwissen seit Jahrhunderten gereift und immer weitergegeben.

Text 29: Fassade - was spielt sich an ihr ab?

In den bauphysikalischen Kapiteln behandeln wir schon viele Prozesse wie Wärme- und Feuchtigkeitseinflüsse. Der Prozess der Frosteinwirkungen, der in unseren Breiten, im Flachland ca. 80 mal im Jahr stattfindet und im Mittelgebirge etwa 100 mal, hat wohl den größten Einfluss auf unsere Fassaden. Der Prozess ist der Frost-Tauwechsel, frieren und auftauen! Am besten ist dieser im Buch von Dr. Ing. Friedrich Eichler (4) erklärt. Ich komme aus dem Staunen nicht heraus, was schon 1975 weitestgehend bis zu Ende gedacht werden konnte.

Eichler und seine Mitstreiter, die das Werk (4) geschrieben haben, waren viel weiter mit ihrem bauphysikalischen Verständnis als die Ingenieure und Professoren heute! Sie hätten heute sicherlich viel Freude an der Reflexionsfolie von ERIFOL®.
Immer wieder geht es um Grundaussagen, wie hier zum Wohnungsbau 1945 und zu seinen bewährten Baustoffen.
*„Die Außenwände wurden zunächst noch mit Ziegeln gemauert. Aber schon das Streben, an Stelle des **traditionellen Weißkalk-***

putzes, der sich seit Jahrhunderten bewährt hatte, glasierte Keramikwandplatten im Zementmörtelbett als Wetterschutz von vielgeschossigen Bauten aufzubringen, hat viele Schäden gezeigt und Sanierungsmaßnahmen erforderlich gemacht. Hier wurde das riskante Prinzip verwirklicht, auf einen weichen porenhaltigen Wandkern mit mittelmäßiger Festigkeit, einem bestimmten Wassersaugvermögen und einer geringen Reaktion auf Temperatureinwirkungen eine **sprödharte diffusionsdichte Schale** aufzubringen, die fester ist als der Untergrund, aber weniger saugfähig und dafür erheblich wärmedehnungsfreudiger ist als der Wandkern. (4)

Genau das spielt sich heute auf den Fassaden mit den Wärmedämmverbundsystemen ab. Die alten Häuser, noch mit funktionierender Kalkputzfassade ausgestattet, werden mit dem unnatürlichsten Fassadensystem der Baugeschichte für immer ruiniert.

Die Strafe zahlen später immer die Hausbesitzer oder die nächsten Generationen. Eine sprödharte diffusionsdichte Schale finden wir heute als die angebliche 100%-Lösung auf den meisten Fassaden. Das ist allerdings die 100%-Lösung für den linken Verkäufer, bis er das Geld in der Tasche hat. Wie im Text wunderbar beschrieben, haben wir nur eine Chance, Schritte zurückzugehen zu den einfachen Bauweisen.

Die sich bis heute anscheinend immer weiter entwickelnden Bautechniken, sind nichts anderes als Rückschritte. Die Plattenbauweisen oder neuerdings die immer mehr zu verzeichnenden dünnen Betonwände mit dicker Dämmung haben nichts mit bauphysikalischem Wissen zu tun.

„Die Unempfindlichkeit eines Kalkmörtels gegenüber Verarbeitungsfehlern haben sie alle nicht." (4)

Ein- und mehrschichtige Außenwände unterscheiden sich bauphysikalisch grundlegend. Sie sind inhomogen und in wärme- und noch viel mehr in diffusionstechnischer Sicht problematisch.

Die bauphysikalischen Beanspruchungen werden hauptsächlich durch meteorologische Elemente beansprucht!

- Sonne (Sonnenstrahlung, - wärme, UV-Strahlung)
- Niederschläge (Regen, Schnee, Reif, Fassadenwasser, absinkende Feuchtigkeit)
- Wind (Wind + Regen = Schlagregen, Auskühlung durch Wind)

- Wärme (Temperaturänderungen, Hitze, Frost)
Die Homogenität des Gebäudes in seiner Gesamtheit wird noch wichtiger und deutlicher, wenn zu den Einflüssen die vier verschiedenen Himmelsrichtungen dazu genommen werden. Das heißt, dass sich die Wechselwirkungen an einem Wohngebäude, insbesondere an der Fassade, stündlich ändern.
Wenn wir dann noch die vier Jahreszeiten dazu nehmen, dann sollten wir uns klarmachen, dass Baustoffe und Häuser in ihrem langen Leben, je nach Fassadenfarbe 80-100 Grad Unterschiede, vor allem an Südwestfassaden immer mal wieder aushalten müssen.

Hierzu müsste ich das gesamte Buch abschreiben, damit auch der letzte Planer und Handwerker versteht, was sich an und in unseren Häusern abspielt. Die Forderung nach mehr Elastizität an den Fassaden ist zwingend notwendig!

„Wir bringen „fette", zementhaltige Putze auf porige Außenwandplatten auf, vergessen jedoch, dass mit steigendem Zementanteil die Elastizität der Schicht zurück geht und die Neigung zur Bildung von Schwindrissen wächst. Die dadurch erreichte Verbesserung der Druckfestigkeit nützt gar nichts, weil sie nicht von entsprechender Zugfestigkeit begleitet wird. Es kommt dazu, dass der Längendehnungswert der zementhaltigen Außenschicht größer ist als der des Wandkerns.

Soll die Wetterschutzschicht mit den Außenwandelementen fest verbunden werden, so muß sie zwar ausreichende Adhäsionskräfte, aber noch mehr ausreichende bis vorzügliche Kohäsionskräfte und eine bestimmte Elastizität aufweisen, damit Stauungen und Zerrungen der Außenhaut weder zu Faltenbildung, Absprengenden noch zu Rissbildungen führen.

*Es wird immer noch in großem Maßstab versucht, diese Aufgabe mit Hilfe von Kalkzement- oder reinen Zementmörtelputzen zu lösen. **Es wird übersehen, dass der Außenputz seit Jahrhunderten unter ganz anderen Bedingungen seine Funktion erfüllt hat.**"(4)*

Seit Jahrhunderten gibt es den funktionierenden Kalkaußenputz auf Ziegelmauerwerk. Bei richtiger Ausführung, die heute erst wieder erlernt werden muss, funktioniert der Putz die nächsten **Jahrhunderte!**

„Der Außenputz findet im Ziegelbau folgende Voraussetzungen:
- Die kapillare Saugfähigkeit des Mörtels entspricht der des Putzgrundes oder kann entsprechend abgestimmt werden.
- Die Ziegelwand hat einen sehr geringen Wärmedehnungsbeiwert und ein ebenso kleines Quell-Schwind-Maß.
- Die Ziegelwand bietet dem Putz eine mechanische Verdübelung mit Hilfe der Fugen und saugt das Anmachwasser des Putzes an (Verdübelung im Mikrobereich).
- Dichte und Festigkeit der putztragenden Wand sind größer als die des Putzes; das ist auch notwendig; es ergibt sich ein Festigkeitsgefälle nach außen hin.
- Die Wärmeleitfähigkeit von Außenputz (MG II) und die von Ziegelwand sind gleich groß. An der Grenzfläche ergeben sich Temperaturspannungen.
- Bei Beregnung nimmt die saugfähige Wand dem porigen Putz das Wasser ab, speichert es ohne Schaden und gibt es unter günstigen Klimabedingungen wieder ab.
- Die Eindringfläche für Feuchtigkeit und die „Abdampffläche" haben die gleiche Große.
Dies sind günstige Voraussetzungen für den Außenputz, der mit der Wand zusammen eine funktionelle Einheit bildet. Der Wetterschutz im Ziegelbau wird nicht mit dem Außenputz allein, er wird von der Wand und dem Putz in Zusammenarbeit geleistet." (4)

Es geht hier um die 100%-Baulösungen. Um die 100 Prozent wieder zu erreichen, bedarf es großer Einsichten und des Umdenkens aller Menschen.

Wollen wir weiter mit sinnlosen Bautechniken und Sondermüll unsere Häuser vernichten oder endlich wieder Bautechniken aufleben lassen, die uns wirklich helfen und unsere Erde nicht weiter belasten?
Früher, das heißt vor ca. 10 Jahren, gab es noch bei Baustoffhändlern vorgemischten feuchten Kalkmörtel. Es gab Mauermörtel oder Putzmörtel, den man noch sehr günstig kaufen konnte. Es kann sein, dass es auch noch weitere gute Kalkputzhersteller gibt. Mir ist

es wichtig, das interessierte Menschen von 100%- Herstellern bedient werden.

Seit fast 15 Jahren arbeite ich mit den Hessler-Kalkwerken (2) aus Wiesloch zusammen. Die Putze sind von hervorragender Qualität und enthalten keine versteckten Zemente, andere Bindemittel und Konservierungsstoffe. Florian Gramespacher der noch sehr jung in dem Unternehmen ist, antwortet auf alle kritischen Fragen von mir. Ich habe ihn gebeten, ihr Werk kurz vorzustellen!
„Unser Unternehmen, die Hessler Kalkwerke GmbH, wird mittlerweile bereits in fünfter Generation geführt. Tradition und Familie spielen seit jeher eine große Rolle und werden dies auch künftig tun.
Als Baustoffproduzent sehen wir es als unsere Aufgabe an, Produkte anzubieten, die wir selbst in unser Eigenheim einbauen würden.
Um dieser Aufgabe gerecht zu werden, stellen wir seit mehr als 130 Jahren unsere Produkte mit dem in unserem Steinbruch gewonnenen Kalkstein in eigener Produktion her. Im Vordergrund steht dabei die Qualität unserer Produkte. Während der Produktion verzichten wir in unseren Kalk- und Kalk-Lehmputzprodukten konsequent auf Zement, synthetische Bindemittel und Konservierungsstoffe, um die Vorteile von Kalk auch tatsächlich zu erhalten.
In diesem Zusammenhang setzen wir altbewährte Baustoffe ein, kombiniert mit modernen, innovativen Baustoffen und unter Zugrundelegung eines nachhaltigen Ursprungs.

Wir bedanken uns bei Christoph Jaskulski für die Erwähnung in seinem aktuellen Buch und wünschen ihm für den weiteren Weg seiner Aufklärungsarbeit zu Baustoffen auch weiterhin viel Erfolg.“

Wenn sich weitere Kalkputzhersteller bei mir melden, die genauso 100%-Baustoffe herstellen, nehme ich diese gern in dieses Buch mit auf. Allerdings sind die Qualitätsstandards sehr hoch. Denn in einem weiteren Gespräch mit Herrn Gramespacher wird deutlich, wie die Kalkputze ganz „legal“ verändert werden können.

Die sogenannte „Kalknorm“ wird nämlich unterschieden in der DIN EN 459-1, in **NHL** (natürlich-hydraulischer Kalk) und **HL** (hydraulischer Kalk). Dabei handelt es sich bei dieser Norm, beim **HL** um

Fotos Jaskulski - Edelputz - Dreilagenputz mit Sumpfkalkanstrich

ein Stoffgemisch, was mit einem 100%-Baustoff nichts zu tun hat. In Buch (4) steht nicht umsonst ein weitreichender Satz, den ich schon einmal genannt habe:

„Es wird übersehen, daß der Außenputz seit Jahrhunderten unter ganz anderen Bedingungen seine Funktion erfüllt hat." (4)

Grundlagen für das Buch (4) sind aus dem Buch von W. Piepenburg; „Mörtel- und Mauerwerksputz" aus dem Jahre 1961, beim Bauverlag erschienen. Wenn wir 100%-Fassaden haben wollen, die über Jahrzehnte funktionieren, dann müssen wir auf alte, bewährte Techniken zurückschauen. Heute sichtbar funktionierende Fassaden weisen uns den Weg.
Mit dem Erifol®-System erfolgt die sichere Wärmedämmung und Temperierung von innen, so dass das Chaos an der Fassade ein Ende hat.
Vor allem in der Denkmalpflege ist das Erifol®-System von großem Wert!

Text 30: Fassadenanstrich - Dämmfassaden erhalten und instandsetzen

Schauen wir in Malerfachbücher um 1940, finden wir die Arbeit des Malers noch nicht auf unseren Fassaden. Zu der Zeit haben sich aber schon manche Anstreicher mit irgendwelchen Beschichtungen auf den Fassaden versucht! Es waren mehr klägliche Versuche, weil die aufkommenden Industrieanstriche mehr versagten, als das sie funktionierten. Vom Tüncher zum Fassadenretter? Niemals!

In meinem 2. Buch steht ausdrücklich, dass ein Haus das funktionieren soll, keinen Maler benötigt. Zumindest nicht für Innen- und Außenwände, da versagt dieses Gewerk seit Jahrzehnten!

Leider regiert, besser gesagt drangsaliert, heute dieses Handwerk unsere Fassaden, wie ich nun schon lang und ausführlichst beschrieben habe.
Auch auf dem Gebiet der Fassadenanstriche geht es genauso zu wie bei anderen Bautechniken. Die Industrie will viel Geld verdienen. Garantien gibt sie für ihre zweifelhaften Anstriche jedoch viel zu wenig. Funktioniert ein Anstrich nicht wird das Problem dem Handwerker zugeschoben.

Ich fange mit dem natürlichsten Fassadenanstrich an, dem Sumpfkalkanstrich. Vor über 10 Jahren erfolgte von mir die Instandsetzung einer Edelputzfassade. Ein Giebelputz musste erneuert werden. Ich wählte den Dreilagenputz und als Abschluss 3 Anstriche mit Sumpfkalk.
Die Materialkosten für den Sumpfkalkanstrich waren sehr gering. Die Lohnkosten für 3 Anstriche standen dagegen. Seit 10 Jahren beobachte ich diese Fassade, die <u>nichts</u> von ihrem leuchtend weißen Glanz verloren hat. Wenn der Anstrich erneuert werden muss, dann einfach reinigen, mit Sumpfkalk streichen und fertig! Sumpfkalk ist der natürlichste 100%-Anstrich! Auch Hessler-Kalkwerke haben diesen Anstrich im Programm.

Wie sollen nun andere Fassaden wieder beschichtet werden? Massivhäuser oder Vollwärmeschutzfassaden sind immer ein Thema.
Auch hier bin ich in den letzten Jahren, mit einem für mich **100%-Produkt** fündig geworden. Das ist ein Fassadenanstrich der schon über **einige Jahrzehnte** funktioniert, was natürlich in unserer industrieorientierten Lobbywelt nicht sein darf. Ich war auch erst skeptisch, jedoch lassen die Erfahrungen mit dem Anstrichsystem

nur eines zu: Die Anwendung, wenn das Entfernen der Dämmfassade kostentechnisch noch nicht realisiert werden kann!

Wenn alte Fassadenanstriche mit diesem Anstrichsystem beschichtet wurden, dann erfolgte eine viel längere Haltbarkeit, wie ich selbst erleben durfte. Das überall sichtbare Algenwachstum und die Risse sind hier ausgeblieben.

Ein wichtiges Argument für das System, ist die nachgewiesene Energieeinsparung der Heizkosten in den Gebäuden. Gleichgültig, ob es sich um ein Einfamilienhaus handelt oder um große Mietgebäude, die Einsparung war <u>überall</u> festzustellen.

Das war der Stand vor 5 Jahren. An den nachfolgenden Fotos kann jeder in Ottobrunn, östlich von München sehen, welche Unterschiede nach 8 Jahren sichtbar waren und hoffentlich noch sind!

Da die Welt sich weiter dreht, und die Inhaltsstoffe der Anstriche die Qualität bestimmen, sind die 100% faktisch nicht mehr zu halten.

Aus **ThermoShield** durfte ich von den Erifol®-Experten den Unter-

Fotos Jaskulski - Fassadenanstrich links Silikonharzfarbe - rechts mit ThermoShield nach ca. 8 Jahren - es ist sichtbar, was besser ist!

schied zu **Thermoline-Farben** (3) kennenlernen. In ThermoShield sind Keramikkügelchen und in Thermoline sind Glaskügelchen! Auch hier lässt sich der Unterschied im Reflexionsgrad feststellen.

Im Internet unter Thermoline-Farben werden die gleichen Probleme angesprochen, wie ich hier im Buch darlege.

"In der Bauphysik werden zur theoretischen Berechnung des Wärmebedarfs von Gebäuden stationäre Verhältnisse vorausgesetzt. Der U-Wert, der den theoretischen Augenblick- oder Beharrungszustand beschreibt, ist völlig praxisfremd und kann nur in einer Kli-

makammer im Labor nachgestellt werden. Wind, Feuchte und sola-
re Einstrahlung in und an Gebäudehüllenkonstruktionen sind maß-
geblich am Heizungsverbrauch beteiligt." (6)
Die U-Wertprobleme werden überall beschrieben und trotzdem wird
daran festgehalten und weiter ungehindert Sondermülldämmungen
verkauft!

Text 31: 100%- Außenputz und Instandsetzung

Wie in diesem Buch ausführlich erörtert, zeigen die Jahrzehnte alten bewährten Erfahrungen, dass ein 100%- Außenputz aus Kalk
bestehen sollte. In Verbindung mit einem Ziegelvollmauerwerk entsteht die 100%-Außenwand.

Den Dreilagenputz als Wort, kannte ich so wie heute beschrieben
auch nicht. Allerdings haben wir Anfang 1980 in Dresden noch Gebäude mit Kratzputz hergestellt, Spritzbewurf, Unterputz und Oberputz. Von innen nach außen werden Korngrößen kleiner = Dreilagenputz!
Der Kratzputz ist noch überall sichtbar und oft mehrere Jahrzehnte
alt. Leider wird er oft unfachmännisch repariert und einfach mit
zweifelhaften Fassadenfarben beschichtet.
Dabei haben die Hessler- Kalkwerke auch dafür Instandsetzungs-
systeme, die natürlich sind und schon Jahrzehnte funktionieren.
Fassaden werden bis zum tragfähigen Putz mit Staubabsaugung
abgeschliffen und mit einem Instandsetzungssystem wieder aufge-
baut. Die gesamte Baulandschaft wird sich grundlegend ändern!
Die Handwerkskammern, wenn sie noch bestehen bleiben wollen,
werden neu ausgerichtet.

Text 32: Verblendfassade instandsetzen

Den höchsten Fassadenwert eines Hauses besitzt das Verblend-
mauerwerk. Dieser Fassadenwert bleibt nur, wenn die Fassade mit
der Fugenkelle instand gehalten wird!
Es müssen Probeflächen hergestellt werden, damit annähernd die
Fugenfarbe gefunden werden kann. Die farbigen Fugenmörtel zum
Beispiel früher von QuickMix sind in ihrer Endfestigkeit viel zu fest

und haben einen zu hohen Zementanteil! Dieser Zustand muss untersucht werden!

Auch wenn ich mich in Texten wiederhole: Im Zusammenhang mit den Texten gehört die Wirtschaftlichkeit immer dazu. So prägen sich Zahlen auch besser ein!

Schon 2006 wurden vom Institut für Bauforschung in Hannover Instandsetzungskosten- und Intervalle veröffentlicht.

Dabei liegen die Instandsetzungskosten über 80 Jahre für ein **Verblendmauerwerk**, ca. **460 %** niedriger als bei einem **Wärmedämmverbundsystem (WDVS)**.

Ich wohne in Niedersachsen. Da sieht jeder diese wunderschönen funktionierenden Fassaden. Viele Fugen sind sehr hell, fast weiß. Der Kalkanteil wird da sehr hoch gewesen sein.

Durch das U-Wert-Bauen und die darauf basierende Falschbewertung der massiven Häuser, die oft mehr als 80 Jahre alt sind, werden solche Häuser oft durch ein **460%** teureren WDVS für immer zerstört!

Foto Jaskulski - Fassade
Instand gesetzt 1995

Auch die Hohlräume von zweischaligen Außenwänden werden oft mit zweifelhaften Materialien geschlossen.

1995 war ich noch bei einer Baufirma angestellt. In der Zeit war ich Bauleiter an einem schönen Mehrfamilien-Backsteinhaus in Langenhagen. Die Fugen wurden damals ausgeschnitten, die Fassade abgewaschen und neu verfugt. Danach kam noch eine Hydrophobierung (Imprägnierung) auf die Fassade, die   mit den Jahren wieder nachläßt. Die Industrie hat immer zusätzlich Geld verdient. Viele teure und wie Folie aussehende Imprägnierungen haben auch Fassaden zerstört.

Heute fast 40 Jahre später sieht die Fassade noch sehr gut aus. Jeder kann sehen, dass es funktioniert! Es bleibt nur uns zu besinnen, diese Häuser <u>natürlich</u> zu erhalten.

Text 33: Sockelprobleme lösen

Sockel aus Naturstein, Kalk- oder Sandstein zeigen, dass sie über Jahrhunderte funktionieren! Warum? Da nach dem Auffeuchten durch Regen wieder ein Entfeuchten geschieht! Die Erosion, die Frost-Tauwechsel und die Umweltverschmutzungen haben den Sockeln immer wieder zugesetzt.

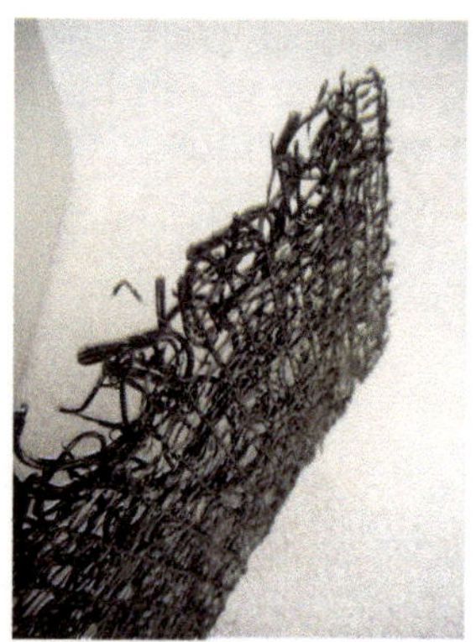

Fotos: Jaskulski - Putzträgermatte hinterlüftet

Meistens wurden dann auf weichen Untergrund dichte Zementputze für die Instandsetzung verwendet, die nicht lange funktionieren konnten. Sockelprobleme gibt es seit es den Sockel gibt. Ein weiteres Problem der dichten Sockelinstandsetzungen, ist die aufsteigende Feuchtigkeit! Wurde der Sockel mit Zementputz oder Fliesen dicht gemacht, dann zog die Feuchtigkeit hinter diesen dichten Schichten im Mauerwerk höher und kam dann zum Vorschein.
Auch hier gibt es inzwischen eine 100%-Lösung!
In dem Produktflyer steht folgendes:

„Das AERO-dry Sanierputzsystem® ist eine beständige Methode, Salzausblühungen und Feuchtigkeitsübertragung vom Mauerwerk in den Putz zu unterbinden.
Zusätzlich wird, durch die innen liegende AERO-dry® Putz-Trägermatte (Wirrgelege), die Wärmedämmung deutlich und fühlbar verbessert.
Das innovative AERO-dry Sanierputzsystem® bewirkt eine absolute Trennung zwischen dem alten Mauerwerk und dem neuen Oberputz.

Der größte Vorteil des AERO-dry Sanierputzsystem® ist die gänzliche Trennung des Oberputzes vom Mauerwerk.
Das durch Salze und Feuchtigkeit belastete Mauerwerk wird durch die AERO-dry® Trägermatte vom neuen Oberputz getrennt. Die Salz- und Feuchtewanderung von der Mauer in den neu aufgebrachten Putz ist somit vollständig unterbunden (pH-Wert und elektrische Trennung).
Die ruhende Luftschicht zwischen dem Mauerwerk und neuem Putz verbessert den Wert der Dämmung und spart wertvolle Heizenergie.

Diffusionsoffene Materialien schaffen ein gutes Raumklima und regulieren die Luftfeuchtigkeit. Optimierte Oberflächentemperaturen im gesamten Raum entziehen der Schimmelbildung den Nährboden.
Im AERO-dry Sanierputzsystem® sind keine Sperren vorhanden. Die Zwischenlage AERO-dry® Trägermatte dient als stehende Luftschicht." (7)

Das ist eine 100%-Sockellösung und auch für feuchte Räume und Wände geeignet. Das wichtigste Merkmal des genial ausgedachten Systems ist die sichere Abkoppelung des Mauerwerks zum Oberputz. Dadurch werden Sockelschäden durch Feuchtigkeit erheblich minimiert bzw. unmöglich!

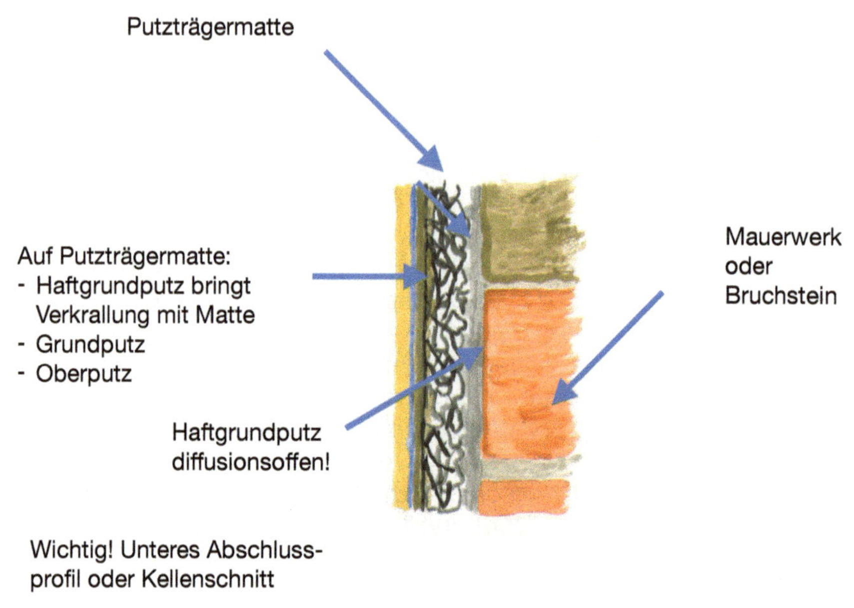

Gemalt: Jaskulski - AERO-dry Sanierputzsysteme (7)

Text 34: Innenputzarbeiten allgemein und mit Kalkputz speziell

Heute werden die Wände überwiegend mit Gipsputz verputzt. Auch Elektrikerschlitze bei Kalkputzwänden werden hauptsächlich mit Gipsputz geschlossen. Ich halte sehr wenig von Gipsputz. Immer wieder ist zu lesen, dass in den achtziger Jahren Grenzwerte verändert wurden, weil damals der Gipsputz <u>gesundheitsschädlich</u> war.

Bei jedem Baustoff kann immer die Volldeklaration eingesehen werden, um sicher zu gehen, was drin ist.
Ich bin mit dem Kalkputz groß geworden und ich kann heute noch die verschiedenen Putze selbst herstellen. Der Kalkputz, den Hessler- Kalkwerke (16) herstellen, läßt sich sehr einfach verarbeiten.

Der größte Vorteil gegenüber dem Gipsputz, ist die lange offene Zeit für die Verarbeitung und das Abbindeverhalten! Jeder der Bock hat selbst zu putzen, wird schnell Spass haben mit diesem Hessler-Kalkputz. Der Putz wird nicht so schnell fest! Eher das Gegenteil ist der Fall!
Es gibt einen Mörtelwerfer in Verbindung mit einem Kompressor, womit jeder sehr leicht den Putz antragen kann.

Zum Beispiel wird der Kalkleichtgrundputz heute aufgetragen und in die Ebene gebracht. Viele Stunden vergehen, bevor es schwieriger wird ihn weiter zu bearbeiten. Entweder man richtet ihn am selben Tag noch ab oder am nächsten Tag. Abrichten heißt, mit einem Alurichtscheit oder einer geraden Holzlatte die Fläche in die Ebene kratzen oder mit dem Rabott aufrauhen und oberflächlich abrichten. Vertiefungen, Dellen oder Löcher können mit dem Putz noch ausgeglichen werden.

Bedenke, dass der Putz 1 mm pro Tag aushärten soll! Das heißt, er ist lange geschmeidig und leicht oberflächlich zu bewegen! Deswegen ist er sehr weich eingestellt und härtet nicht so schnell durch wie der Gipsputz!
Putzanleitung, so wie ich es mache!
Der schnellste Weg zu einer geraden Putzfläche, ist das Herstellen von senkrechten Putzlehren. Beim Tischler oder im Baumarkt gibt es 2 m Hartholzleisten.

Zum Beispiel 1,5 x 1 cm oder 2 x 1 cm. Tischlereien haben immer Leistenreste rumstehen. Solche Leisten kann man drehen, je nach Putzstärke.
Die Untergrundvorbereitung steht ausführlich beschrieben auf den Putzsäcken! Je nach Saugfähigkeit befeuchte ich im Allgemeinen den Putzgrund mit sauberem Wasser.

Den Kalkhaftgrundputz trage ich mit dem Zahnspachtel 10-15 mm auf, ungefähr im Winkel von 45 Grad. So bleiben ca. 8-10 mm Kamm stehen!
Nach dem Erhärten des Kalkhaftgrundputzes, nach ca. 1-2 Tagen, kann auf die ausgehärtete Fläche eine ca. 1,5 x 1 cm Hartholzleiste mit dem Kalkleichtgrundputz senkrecht ganz leicht angesetzt und nur wenig angedrückt werden. So dass die Leiste gerade so stehen

bleibt. Nun kann am besten senkrecht ein 2 m Alurichtscheit mit Wasserwaage angelegt werden.

In Ruhe wird die Leiste leicht angedrückt, eingerichtet und nach rechts oder links ausgerichtet. Den Abstand je nach Länge der Richtlatten, 1 bis 2 Meter.

Oder ich trage einen 10 cm breiten senkrechten Streifen mit Putz-mörtel an, den ich mit einer Richtlatte ausrichte. Da gehört schon etwas mehr Erfahrung mit Putzarbeiten dazu. Weil der Putz sehr leicht ist, dauert das Erhärten viel länger!

Auf der Latte kann dagegen sehr schnell weiter gearbeitet werden. Wenn die Latten angezogen sind können die Felder mit Putzmörtel ausgefüllt werden.
In einem Neubau oder Altbau kann mit diesem Putz von Raum zu Raum gegangen werden und die Putzarbeiten können in aller Ruhe ausgeführt werden. Es besteht nicht das Problem, wie bei dem Gipsputz, der sehr schnell abbindet. Gerade für den Laien ist es wichtig, dass das Material einfach und lange zu verarbeiten ist.

Das Reinigen der Werkzeuge und Kübel muss bei Gipsputzarbei-ten penibel erfolgen. Sonst bleiben schnell Gipsreste zurück, die dann die nächste Mischung schneller abbinden lassen.
Der Kalkputz ist da viel liebevoller zum Verarbeiter. Die Werkzeuge und Kübel müssen auch gereinigt werden, jedoch geht alles sehr viel ruhiger vor sich!

Nachdem der Putz pro Millimeter 1 Tag getrocknet ist, wird der Oberputz am besten zweimal mit einem bestimmten Korn 0,5 mm oder 1 mm aufgezogen, gefilzt oder abgeschwämmelt. Es gibt viele Worte für diesen Vorgang.

Das kann schon im fertigem Farbton geschehen oder in Natur weiß. Ein weißer oder mit Pigmenten versetzter Sumpfkalkanstrich kann den Abschluss bilden.

Wie mit Oberputzen umgegangen wird, kommt speziell im nächsten Text! Die Verarbeitungsrichtlinien der Hersteller sind bei allen Bau-stoffen und Arbeiten zu beachten.

Text 35: Innenwände - Rigipswände instandsetzen - Oberputz

Wenn heute alte Häuser bezogen werden oder eine neue Mietwohnung, dann werden oftmals tapezierte und mehrmals gestrichene Wände vorgefunden.

Die Untergründe sind dann zumeist sehr verschieden. In Dachgeschoßräumen finden sich überwiegend Rigipsplatten bzw. Gipskartonplatten mit Rauhfasertapeten und Anstrichen. Die Wände und Oberflächen sind dadurch eher dicht! Das heißt, sie können so gut wie keine Feuchtigkeit aufnehmen.

Dazu gesellen sich die ungesunden Heizkörper, die fast ausschließlich die warme Luft durch die Räume pusten. Das ist die beste Rezeptur für Schimmelbildungen! Werden die Fenster zum Lüften geöffnet, dann entweicht die Luft. Frische Luft, die feucht sein kann, trifft innen auf die kalten Außenwände und kondensiert auf den Innenwandoberflächen.

Da diese Oberflächen aber kaum oder keine Feuchtigkeit aufnehmen können, bleibt die Frage, wo sich die Feuchtigkeit am liebsten niederschlägt. In den Raumecken, Fensterleibungen und Sturzbereichen oder am liebsten in den Bereichen an den unteren Ecken und Ixeln (Icksel).

Wenn die Heizung nicht erneuert wird, dann bleibt nur noch eine 100%-Lösung, um der Schimmelentwicklung entgegen zu wirken. Die Wände müssen möglichst von der Dichtheit befreit werden. Wenn man Glück hat, ist unter der Tapete der alte Kalkputz zu finden. Das sind dann Flächen, die Feuchtigkeit aufnehmen und bei Bedarf wieder abgeben können. Der Untergrund kann auch mit Dispersionsfarben gestrichen sein, was sehr oft vorkommt. In beiden Fällen kommen wieder die Hessler-Kalkprodukte zum Einsatz.

An Wand und Decke kann ein Kalkhaftgrundputz mit der Zahnkelle oder der Glättkelle aufgetragen werden. Dieser Putz trocknet je nach Dicke, in der Regel in 1-2 Tagen durch. Damit habe ich einen Untergrund für einen dickeren Zwischenputz oder den Oberputz geschaffen.

Fotos Jaskulski - links Kalkputz unter Tapete - rechts Dispersions-
farbe - Untergrund mit Kalkhaftputz aufkämmen oder spachteln, je
nachdem wie dick der Putzauftrag werden soll.

So können die aufgezogenen Kämme mit dem Kalkleichtgrundputz
und mit dem Glätter zugezogen werden. Das heißt, dass ca. 5-10
mm aufgetragen werden können. Wenn ein Raum 50 qm Wand-
und Deckenflächen besitzt, dann können zwischen 250-500 Liter

Masse aufgebracht werden, die im trockenen Zustand Feuchtigkeit
auf- und wieder abgeben können.
Die Flächen können gefilzt werden oder noch mit einem Oberputz
in 0,5 oder 1 mm Korn überzogen und gefilzt werden. Je nach Anspruch an die Qualität der Oberfläche.

Da immer Ebenen da sind, können Laien mit Zahnkelle und Glätter
wenig falsch machen! Mit dem Glätter können kaum große Un-
ebenheiten entstehen!
Wichtig! Nach dem ersten Anmischen sollte nach 5 bis 10 Minuten
nochmal nachgemischt werden, weil der Kalkputz nach dem ersten
Mischen nochmals nachsumpft und sich dadurch dicker und
schwerer anfühlt. Vor dem Nachmischen nur sehr sparsam nochmal Wasser zugeben, sonst kann der Mörtel zu dünn werden!

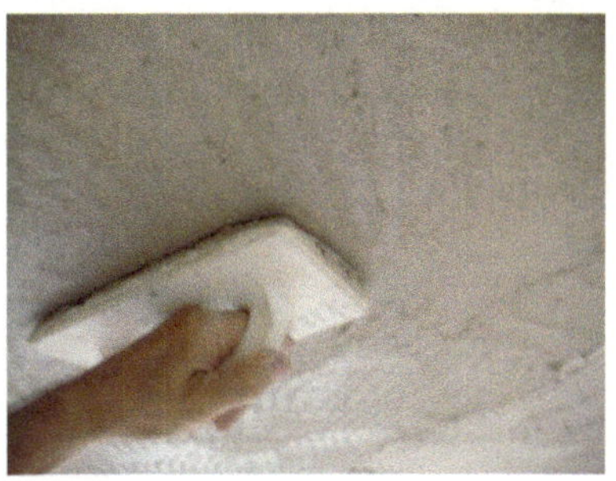

Fotos Jaskulski - Nach dem Schließen der Kämme kann die Fläche an der Decke mit dem Schwammbrett verrieben werden um eine ebene Fläche für den Oberputz zu erreichen.

Fotos Jaskulski - Oberputz 0,5 mm auftragen und schwämmeln, danach mit Sumpfkalkanstrich streichen oder im Putzton lassen.

Kleiner Tipp dazu! Wenn ich nur kleine Mengen Wasser zugeben möchte, dann schütte ich das Wasser nicht mit dem Eimer dazu, sondern nehme meine Kelle, tauche sie flach ins Wasser und der Wasserfilm auf der Kelle wird hinzugegeben. So kann es kaum geschehen, dass zu viel Wasser in die Mischung kommt und diese dann zu dünn wird.

Dieser Tipp ist bei allen kleinen Mischungen wichtig, wenn ich nur kleine Gebinde habe. Wenn das Gebinde (Pulver) vollständig im Eimer ist, muss die Wasserzugabe penibel zugeführt werden! Besser ist, immer etwas Pulver zurückbehalten um die Konsistenz ausgleichen zu können.

Die Putzflächen können schon pigmentiert sein oder noch mit einem Sumpfkalkanstrich gestrichen werden. Mit einer guten Malerbürste gestrichen kann bei entsprechendem Lichteinfall ein schöner Charakter entstehen.

Noch ein Tipp, falls die Heizkörper im Raum bleiben müssen: Alle Raumecken, auch Decke und Wand, können mit dem Kalkleichtgrundputz abgerundet werden, damit die kalten Ecken rund und abgemildert werden.

Hier noch einige Vorteile von Kalkputz:
- hochalkalisch
- verhindert die Schimmelbildung
- reguliert die Luftfeuchtigkeit
- filtert die Raumluft und nimmt Gerüche auf

Heute sind auch die Lehmbaustoffe groß in Mode. Auch diese Produkte sind im Hessler- Kalkwerke- Programm (2) zu finden. Hier verweise ich auf Fachfirmen, die überwiegend mit den Lehmputzen arbeiten. Bei allen Putzarbeiten dauert es eine Weile bis man gut mit dem Baustoff umgehen kann. Daher sind Laien gut beraten, wenn sie gute Baustoffe von Händlern, mit eigener Zusammenstellung von Mischungen vorziehen.

Text 36: Betonkeller und die Feuchtigkeit

Immer wieder kommen Anfragen, wie die Betonwände in einem Keller energetisch verbessert oder geputzt werden können.
Betonkeller sind schnell montiert und mit den falschen Heizungen sofort in der Feuchtigkeitsfalle! Gerade im Sommer, wenn Kellerfenster auf Dauerkipp sind, kommt feuchte warme Luft in die Kellerräume und kondensiert an den kühleren Betonoberflächen.

Vor 11 Jahren habe ich in einem Keller die Innenwände mit einem Kalkdämmputz von Hessler versehen. Dieser Keller war feucht und wurde mit Trocknungsgeräten auf 20 % Luftfeuchtigkeit runter getrocknet.
Danach habe ich mit einem Zahnspachtel Fliesenkleber auf die Innenwand aufgekämmt. Als er durchgehärtet war habe ich ca. 4 cm Kalkdämmputz aufgetragen, abgerichtet und später gefilzt.

Heute würde ich den Kalkhaftgrundputz aufkämmen, den Kalkleichtgrundputz auftragen und eine Strahlungsheizung installieren. Das ist für mich eine 100%-Lösung!

Kapitel VII: Informationen über das ERIFOL®-System

Text 37: Der Mensch steht mit dem System im Mittelpunkt!

ERIfol heißt: **E**nergie-**R**eflexions- u. **I**solations**fol**ie

Dieses ERIFOL®-System ist die beste Antwort auf das Dämmbauen und das GEG (Gebäudeenergiegesetz). Bei richtiger Anwendung des Systems, fallen die Energiekosten ins Bodenslose im Verhältnis zu den heutigen Energieverbräuchen!

Nicht "das Alte überflüssig machen", sondern DAS sind die wichtigsten Grundpfeiler eines Hauses. Die gesamte Gebäudehülle und die Heizung wird komplett auf den Kopf gestellt!

"Ein Forscher- und Entwicklerteam bestehend aus Fachleuten der Bereiche Hochbau, HLS-Planung, Bauphysik und Energieberatung haben in den vergangenen 15 Jahren das Erifol®-System - leistungsfähiges Energiekonzept für Wohn- und Nichtwohngebäude, entwickelt." (6)

Im GEG steht unter § 1, Abs. 2 "Grundsatz der Wirtschaftlichkeit" auch ganz klar in verständlichem Deutsch, dass die Wirtschaftlichkeit die höchste Priorität hat.

Hier zum Nachlesen:

"Die Anforderungen und Pflichten, die in diesem Gesetz oder in den auf Grund dieses Gesetzes erlassenen Rechtsverordnungen aufgestellt werden, müssen nach dem Stand der Technik erfüllbar, sowie für Gebäude gleicher Art und Nutzung und für Anlagen oder Einrichtungen wirtschaftlich vertretbar sein.
Anforderungen und Pflichten gelten als wirtschaftlich vertretbar, wenn generell die erforderlichen Aufwendungen innerhalb der üblichen Nutzungsdauer durch die eintretenden Einsparungen erwirtschaftet werden können. Bei bestehenden Gebäuden, Anlagen und Einrichtungen ist die noch zu erwartende Nutzungsdauer zu berücksichtigen." (6)

Obergerichte haben schon lange Recht gesprochen und die Nutzungsdauern festgelegt. Für Neubau 20 Jahre und für Altbauten 10 Jahre Nutzungsdauer, wenn es wirtschaftlich sein soll.

"Das Erifol®-System erfüllt alle Vorgaben und es dient der Umwelt, der Gesundheit, dem Geldbeutel. Nachteile entfallen, wie z.B.: Wir brauchen nicht mehr dick und dicker dämmen, können schlanker bauen und Ressourcen sparen, im Sommer unter dem Dach nicht mehr schwitzen und haben weniger Hitzetote, haben gesündere Raumluft (schlecht für Viren, wie zum Beispiel Corona); kein Taupunkt mehr, sondern <u>Schimmelfreiheitsgarantie</u>. Das beweisen über 100 realisierte Objekte." (6)

Bringen wir die Zahlen verständlich für alle Menschen auf den Punkt!

Ein Haus mit 100 qm (Quadratmetern) verbraucht mit Dämmung 126 kWh (Kilowattstunden) pro qm und Jahr.
Bei bei 100 qm x 126 kWh macht das 12600 KW im Jahr!
Mit dem Erifolsystem und Wärmepumpe können 25 kWh/qm x a erreicht werden!
Bei 100 qm x 25 kWh macht das 2500 KW im Jahr!
12600 im Verhältnis zu 2500 sind einige **100% mehr Verbrauch** von Energie.

Bei den Investitionskosten schlagen zwei Faktoren knallhart zu!
1. Vergleich KfW 55 und ca. 18 cm Dämmstärke mit WLS 023 und PIR/PUR 023 im Verhältnis zu 4 cm Erifol mit Verkleidung!

Der **Materialwert** fällt bei **Dämmung** schon über 16 % höher aus als beim **Erifolsystem!**
2. Dämmen vergrößert die Bruttogeschossfläche, jeder Zentimeter Mehrdicke kostet ca. 1.300€/ qm, bei 14 cm Differenz sind das 18.200€ / Jahr.
3. Bei Vermietung mit 6€/ qm bringt der Randstreifen einen Gewinn von 7.091€/ Jahr.

Text 38: Der ganzheitliche Betrachtungsansatz!

"Heutzutage wird eine bezahlbare Energieversorgung ebenso benötigt, wie technische Anlagen mit innovativen Lösungen. Darüber hinaus ist eine Begrenzung der fortschreitenden Klimaerwärmung nur durch die Minimierung von CO2 zu erreichen. Die Umsetzung dieser Ziele ist dabei nur durch die Kombination aus deutlicher Reduzierung des Fossilen Energieträgerverbrauchs und der Nutzung natürlich verfügbarer Ressourcen möglich."(6)

Gut, ob die Minimierung von CO2 überhaupt notwendig ist, müssen unabhängige Menschen noch klären. Fakt ist, dass es eine immer größere Verkomplizierung der Gebäudehülle gibt! Es gibt weit über 100 Dämmstoffe, welche rundherum eingepackt werden müssten, wenn sie funktionieren sollten. Mit dem Erifol®-System braucht es diese Dämmstoffe zum Dämmen der Gebäudehülle nicht mehr!

"Einen wesentlichen Beitrag zur Zielrealisierung bieten hierbei Lösungen für die Temperierung von Wohn- und Geschäftsräumen mit **niedrigsten Vorlauftemperaturen.**
Durch die Reduzierung der Vorlauftemperaturen einer Heizungsanlage wird deren Verlustpotential auf ein Minimum reduziert. Und genau hier kommt das ERIFOL®-System zum Tragen.
Entscheidend für die Minimierung des Verlustpotentials ist die korrekte, speziell auf die Gebäudehülle maßgeschneiderte Planung und Auslegung der Heizungsanlage. Hierbei stehen wir Ihnen mit unseren Ingenieur-Dienstleistungen zur Seite." (6)

Volker Hinz bringt es mit einer einfachen Rechnung auf den Punkt. Jedes Grad weniger Vorlauftemperatur bringt 2% Energieeinsparung.

Im Internet kann sich jeder informieren. Die Profis geben gerne die Vorlauftemperaturen zwischen 26 und 38 Grad an- abhängig von der Außentemperatur. **Das spart Energie und Geld! Wirklich? Das Erifolsystem paralleldurchströmt** mit 26 Grad! Wenn im Winter 38 Grad erreicht werden und das Erifolsystem 26 Grad, sind das 12 Grad Unterschied und über 46 %.

Text 39: Paradigmenwechsel vom Heizen zum Erifol®-System!

Hier steht bei der Betrachtung der Mensch im Mittelpunkt!
Weitere wichtige Prozesse sind:
- Vermeidung von Konvektion
- Erifol® - Heizen und Kühlen in einem System
- Prinzip zur Minimierung des Energieeinsatzes
- Potential zur autarken Lösung
- Kosten und Fördermöglichkeit

"Im Mittelpunkt der Betrachtung steht der Mensch mit seinen Bedürfnissen an das Raumklima."

Heutige Heizungssysteme basieren fast ausnahmslos auf dem Konvektionsprinzip. Hierbei wird zunächst das gesamte Raumvolumen durch Luftumwälzung aufgeheizt. Die Raumluft wiederum erwärmt danach die Gegenstände, welche sich in der Raumumgebung befinden. Diese geschieht prinzipbedingt jedoch nur sehr langsam. Im Endeffekt erfolgt die Erwärmung des Raumes und darin befindlicher Gegenstände indirekt - über ein weiteres Medium." (6)

Bei der Luftumwälzung wird unsere wichtige saubere Atemluft immer schmutziger. Wer schaut schon gerne von oben in die Heizkörper hinein?
Da bilden sich regelrechte Schmutzkolonien. Wenn von unten zum ersten Mal ein Heizkörper seine Arbeit tut und die kalte noch saubere Luft durch die höheren Temperaturen des Heizkörpers transportiert werden, wird der Staub mitgenommen. Immer und immer wieder, bis sich der ganze Dreck irgendwann dazwischen festsetzt. Unsere saubere Luft wird zum dreckigen Heizungsmedium.
Ein Glück sagen manche, welche eine Fußbodenheizung besitzen.

Ist es damit besser? Wir kommen gleich dazu.

Wie wird es behaglich?
*"Reduzieren der Heizflächentemperatur für mehr Behaglichkeit
Der menschliche Körper lässt sich mit einem Verbrennungsmotor
vergleichen. Die Betriebstemperatur liegt dabei bekanntermaßen
bei 36-37 °C. Außerdem muss der Körper wie ein Kraftwerk Wärme
abgeben können, was über die Haut geschieht. So werden auf der
Hautoberfläche Temperaturen von 28-30 Grad gemessen.*

*Um ein behagliches Raumgefühl zu erzielen, bedarf es einer mini-
malen Temperaturdifferenz zwischen Hautoberfläche und Wärmequelle. Als optimal gilt hierbei eine Raumoberflächentemperatur
von ca. 23 °C. Dies ist jene Temperatur, bei der der menschliche
Körper weder warm noch kalt verspürt. Er befindet sich in einer Balance und hat seine Wohlfühltemperatur erreicht. Auf dieser Betrachtung basiert unser ERIFOL®-System."(6)*

*"Wie setzen wir das um: Strahlungswärmeabgabe mit einer
Oberflächentemperatur von max. 26 °C.*

*Ein erster Schritt zur Reduzierung der Oberflächentemperatur ist
die Umstellung von einem seriell durchströmten Heizkreis zu einer
großflächigen, paralleldurchströmten Temperierungsfläche. Diese
Heizungsart ist auch unter der Bezeichnung Tichelmann-Prinzip
bekannt.* **Die Temperierung erfolgt zeitgleich, gleichmäßig** *und
ohne Nachtabsenkung. Die avisierte Oberflächentemperatur beträgt max. 26 °C. Bevorzugt wird hierbei die Decke als Strahlungs-
quelle genutzt, wobei auch eine Nutzung des Fußbodens oder der
Wand möglich ist.*

**Prinzipbedingt kann die Raumlufttemperatur beim Erifol®-Sys-
tem vernachlässigt werden. Es gilt jedoch zu bedenken: Je
kühler die Raumluft, desto besser, denn dies tut der Lunge
gut. Unsere Lunge ist nicht nur ein O2-CO2-Gastauscher, sondern neben der Haut unser wichtigstes Kühlorgan.**
*Mit dieser Flächentemperierung allein würde im Gebäude noch
keine Behaglichkeit entstehen. Die erzeugte Wärmestrahlung wird
wie mit einem Spiegel an den thermischen Hüllflächen in den*

Raum geleitet. Das funktioniert mit einer Reflexionsebene, die innenseitig angebracht wird. **Transmissionswärmeverluste werden so zu über 90 % reduziert.** *Dies kann mittels konventioneller Dämmung wirtschaftlich nicht erreicht werden.*

Reduzieren der Wärmeleitung durch die Gebäudehülle mit Reflexion

Damit die erzeugte Strahlungswärme im Raum erhalten bleibt, wird an der thermischen Hüllfläche eine Reflexionsebene installiert. Die Wärmestrahlen werden in den Raum reflektiert. Es entsteht somit kein klassischer Transmissionswärmeverlust an der Wärme übertragenden Hüllfläche.

Pflicht ist die Dichtigkeit der Gebäudehüllfläche, welche durch den Maurer, Putzer oder Rigipser hergestellt werden muss.
Volker Hinz mahnt immer wieder, wie wichtig es ist, eine Luft- und Winddichtigkeit im Gebäude zu erreichen.
Wird zum Beispiel hinter der ersten Erifolfolie keine Luft- und Winddichtigkeit erreicht, dann erfolgt dahinter eine negative Luftzirkulation. Mit einem Blower-Door-Test ist es sehr einfach Leckagen zu finden und die Dichtigkeit zu erreichen! Dieser Test wird mit oder ohne der Erifolfolie zu einem **100%igen Muss oder Pflicht, auf dem Weg zum 100% Haus!**

Das Prinzip wird in anderen Bereichen des täglichen Lebens schon seit langer Zeit angewendet, wie zum Beispiel:
- *Rettungsdecke*
- *Kühlschrank (Gehäuse)*
- *Kühltasche (Einkauf von Tiefkühlware)*
- *Thermoskanne*
- *Feuerwehrhelm, Hochofenarbeiter mit glänzendem Mantel*
- *Abdeckfolie für Autoscheiben"* (6)

Wir sehen an einfachsten Beispielen, welche aus dem täglichen Leben auf unsere Hauskonstruktion übertragen werden können. Hier findet eine echte Revolution statt und wird unser Denken, wie ein Haus funktioniert, komplett verändern.
"ERIFOL® - Heizen und Kühlen in einem System

Kühlen funktioniert mit dem ERIFOL®-System im Prinzip auf die gleiche Art wie Erwärmen.
Bei hohen Außentemperaturen wird im Allgemeinen durch das Öffnen von Fenstern versucht, die Raumtemperatur abzusenken. Dabei wird jedoch einströmende warme Luft nach oben transportiert und bildet unter der Decke eine Hitzeglocke. Alles in Allem wird so die Raumtemperatur nur unwesentlich geändert.

*Im Gegensatz dazu werden mit dem ERIFOL®-System die Oberflächentemperaturen der Temperierungsflächen im Fußboden (oder /und Wand und Decke) auf durchschnittlich 19-21 °C abgesenkt. Damit wird ein Temperaturunterschied von ca. 9 Kelvin zur Hauttemperatur erzeugt. Nebenbei gesagt ist der Temperaturunterschied um den Faktor 3 größer als beim Erwärmen, wo mit einem Temperaturunterschied von rund 3 Kelvin gearbeitet wird. Durch die Verringerung der Oberflächentemperatur **bildet sich ein sofortiger Strahlungswärmestrom vom Raum hin zu kühleren Flächen, wodurch insgesamt eine wirksame Absenkung der Raumtemperatur erzielt wird.***

Beachte: *Der menschliche Körper kann mit Hilfe der ERIFOL®-Kühlung in kürzester Zeit Körperwärme an niedriger temperierte Raumoberflächen abgeben. Durch die unmittelbare Regulierung des thermischen Gleichgewichts wird eine **Behaglichkeit spürbar hergestellt.***
Da es sich im Gegensatz zur konventionellen Klimaanlage nicht um eine Luftkühlung handelt, ist auch der Energieeinsatz deutlich geringer.(6)

Heute kann jeder die unzähligen Klimaanlagen an gedämmten Häusern sehen oder sie werden auf das Dach montiert, weil die Menschen die Hitze in den Dachgeschossen auf Dauer nicht aushalten. Was wirklich dem Menschen und seinen Ersparnissen hilft wird so lange wie möglich unterdrückt, lächerlich gemacht und bekämpft.

Text 40: Taupunkt und Wärmebrücken

Es stellt sich die Frage, wie umfangreich ein Baustudium sein muss, wenn in dieser Broschüre auf 20 Seiten das Nonplusultra für die Baukonstruktion und das Heizen auf einfachste verständliche Texte herunter gebrochen wird. Der Taupunkt bestimmt wieviel und wann Feuchtigkeit in Bauteile oder Baustoffe eindringt.

"Warum ist der Taupunkt kein Problem für das ERIFOL®-System?

Kondensation an Innenwänden kann zu Schimmelbefall führen und ist daher zwingend zu vermeiden. Ein Kondensat entsteht am Taupunkt in Abhängigkeit von Temperatur, Dichte der Luft, absolutem Wassergehalt, Enthalpie (Wärmeinhalt) und relativer Luftfeuchtigkeit.

Ausgangssituation: Wechselnder Wärme- und Feuchtetransport in Bauteilen

Gemäß dem physikalischen Hauptsatz von Rudolf Claudius fließt Wärme immer vom wärmeren in Richtung eines kälteren Systems. Im Winter entsteht dadurch ein Taupunkt im Außenbereich der Außenwand, im Sommer verschiebt er sich bei kühlen Räumen wie einem Keller, in Richtung des Innenbereichs. Im Sommer bildet sich Tauwasser an der Kellerwand nicht durch von außen kommende, diffundierende Feuchte, sondern kondensierende feucht-warme Luft, wenn sie beispielsweise durch offene Fenster in den Keller gelangt.

Wie kommt es zur Bildung von Tauwasser im Keller?

Warme und mit Feuchtigkeit gesättigte Außenluft gelangt durch **geöffnete Kellerfenster** *und kondensiert an der kühleren Innenwand.(6)*

Jetzt kommt es zur entscheidenden Antwort, warum das Erifolsystem kein Problem mit dem Taupunkt hat. **Bauphysiker** haben Jahrzehnte das Sagen in der **Bauphysik.** Haben diese Personen auch Ahnung von der Bauphysik? Diese Personen wollten sich absetzen und etwas besseres im Bausektor sein. Deswegen wurde das Wort Bauphysik, und damit der Bauphysiker erfunden.

**Wer will sich von jetzt an noch
Bauphysiker nennen?**

"Warum entfällt der Taupunkt beim ERIFOL®-System?
Die Raumluft (ca. 15°C - max. 20°C) trifft auf die wärmere Oberflächentemperatur (ca. 21-23°C) wodurch es zu keinem Kondensatniederschlag kommen kann." (6)

Das ist einfache erklärte Physik, welche jeder interessierte Mensch verstehen kann, wenn er mag!

"Wasserdampf diffundiert ständig durch die Außenwand von innen nach außen. *Im Sommer jedoch bei hohen Außentemperaturen, könnte sich die Diffusionsrichtung umdrehen und Feuchtigkeit diffundiert so durch die Außenwand in den Innenraum des Gebäudes. Doch Gegenteiliges ist der Fall, wie **Messungen** ergeben haben. Die Feuchtebilanz ist immer noch von innen nach außen größer. Selbst bei hohen Außentemperaturen tagsüber sind die nächtlichen Außentemperaturen im Vergleich zur Innenraumtemperatur meist so gering, dass es noch immer ein Temperaturgefälle von innen nach außen gibt.*

*Somit wandert **Wasserdampf** aus der Raumluft weiterhin in und durch die Außenwand von innen nach außen, durchfeuchtet diese und trocknet auf der Außenseite ab. **Dies gilt es zu vermeiden.***

Lösung mit dem ERIFOL®-System:
- *26°C warme Temperierungsflächen können auf allen Innenflächen angeordnet werden.*
- *Alle Flächen und Gegenstände werden durch die im Bezug zur Raumluft rund 3 Kelvin wärmeren Temperierungsflächen auf circa 23°C erwärmt.*
- *Geringer Wärmeverlust wird dadurch erreicht, dass,*
    - *Raumgreifende Luftzirkulation ausgeschlossen wird, weil alle Oberflächen minimale Temperaturunterschiede aufweisen und*
    - *Wärmeeintrag in die Gebäudehüllfläche mittels Reflexionsebene vermieden wird.*
- *Die Temperatur der Luft im Gebäudeinneren kann auf bis 15°C abgesenkt werden. Die Lufterwärmung erfolgt nicht mehr primär und läuft parallel zur Entwicklung der Oberflächentemperatur nach.*

- *Es ist ein physikalisches Gesetz* (keine Regel!), dass sich an einer sauberen warmen Oberfläche kein Wasserdampf aus kühlerer Luft absetzen kann. Somit diffundiert kein Wasserdampf in die Wand. **Die Wand trocknet aus und es bildet sich kein Taupunkt.**
- Durch Temperierung der Wände auf 23°C wird die **Schimmelbildung vollständig unterbunden.** Wir können **Schimmelfreiheitsgarantie** geben!
- Die luft- und wasserdampfdichte Reflexionsebene wird insbesondere aus optischen Gründen verkleidet. Sie ist der wärmste Bereich der Hüllfläche und bildet für den Wasserdampf der Luft eine thermische Sperre. Sie besteht aus mehreren dauerhaft hochwertigen Schichten, die sehr gut Wärmestrahlung in den Raum reflektieren. Sie wirkt nicht mechanisch gegen Wasserdampfdiffusion." (6)

Hier wurde die anwendbare Physik für unsere Häuser mit den Worten Reflexion und reflektieren neu gedacht und aufgeschrieben. Unsere Welt dreht sich weiter. Wenn verschiedene Menschen sich eine Aufgabe stellen, so wie es die Erifolmenschen gemacht haben und diese auf dieses Ziel hinarbeiten, dann entstehen neue Denkweisen und Fortschritte.

Ich habe mich fast das ganze Jahr 2021 gegen diese Folie gewehrt, bis ich verstand, was alles mit dem ERIFOL®-System erreicht werden kann! Die beschriebene Lösung mit dem System, ist für die Allgemeinheit sehr verständlich aufgeschrieben. Diese Menschen nehmen dennoch immer gerne Kritik entgegen, damit sich positive Veränderungen und Verbesserungen ergeben können!

Hier noch eine Gesamtbetrachtung des Hauses:

"Innenseite: *Alle Oberflächen innerhalb des Gebäudes sind etwas wärmer als die Raumluft. Da Luftfeuchtigkeit nur kondensiert, wenn sie auf kalte Oberflächen oder katalytisch wirkende Verunreinigungen trifft, ist Schimmelbildung ausgeschlossen.*

Aussenseite: *Feuchtigkeit, welche in Form von Regen auf die Außenseite eines Gebäudes trifft, wird an der Ober-*

fläche vom Außenputz, Klinkermauerwerk oder an deren Baustoffen aufgenommen und wieder abgelüftet.

Ergebnis: Dadurch, dass kein Wasserdampf mehr in und durch die Hausaußenwand diffundieren kann, trocknet diese aus. Dies hat zur Folge, dass:
- die Wärmeleitung der Wand verringert und damit deren U-Wert verbessert wird,
- Wärmebrücken weniger bis gar nicht mehr wirksam werden,
- sich **kein Taupunkt mehr** bilden kann." (6)

Text 41: Warum Einfachfenster ausreichen?

Schon in meinen anderen Büchern beschrieb ich, weshalb Einfachfenster in unseren Häusern ausreichen, wenn kein zusätzlicher Schallschutz benötigt wird.
Im Buch von Prof. Claus Meier (5) steht ausdrücklich, dass ein Naturgesetz besagt, „dass ein Temperaturstrahler normales Fensterglas nicht durchdringt." Für diese Beweise wurde er von den Dämmexperten belächelt und diffamiert.

„Wichtig ist die Tatsache, dass Glas für Wellenlängen unterhalb 0,3 µm und oberhalb etwa 2,7 µm praktisch völlig undurchlässig ist. Ultraviolette Strahlung wird nicht hineingelassen (kein Bräunen hinter der Glasscheibe) und langwelliges Infrarot (Temperaturstrahlung) nicht herausgelassen. Das Fenster erzeugt den Treibhauseffekt: Wenn Sonnenstrahlung in einen Raum eindringt und von den Raumflächen absorbiert wird, kann die daraus resultierende Wärmestrahlung nicht mehr hinaus." (5)

Die Erifol®-Menschen erklären es erneut!

"Warum ist die Innenoberfläche der Fenster ebenfalls gleichmäßig temperiert?"
Fensterglas wirkt als Diode. Fensterglas lässt energiereiche kurzwellige Strahlen der Sonne passieren. Beim Auftreffen der Sonnenstrahlen auf einen Körper im Gebäudeinneren wird dieser erwärmt

Elektromagnetisches Strahlenspektrum

Bild: www.ekz-energieberatung.de

und gibt dadurch langwellige energiearme Wärmestrahlen ab. Die langwelligen Strahlen können das Fensterglas nicht wieder passieren und werden von der Innenseite der Fenster in den Raum zurück reflektiert. Vergleichbar ist dieser Effekt mit der Entstehung eines Wärmestaus im Gewächshaus, welches ebenfalls aus EINER Glasscheibe besteht.

Die nachfolgende Grafik zeigt vereinfacht, in welchen Wellenlängen um uns herum Energie (Wärme) strahlt. Die Grafik wurde aus mehreren Quellen erstellt und zeigt nur einen Ausschnitt im Bereich zwischen hochenergetischer ionisierender (radioaktiver) Strahlung (rot) und kurzwelliger, nicht ionisierender Strahlung (hellgrüne Fläche).

In Zeile 1: *Sonnenstrahlung umfasst einen Bereich von 0,2 bis 7 Mikrometer.*

In Zeile 2: *Wird das sichtbare Licht dargestellt, also den mit unseren Augen wahrnehmbaren Strahlungsbereich. Dieser ist deutlich kleiner, als der insgesamt von der Sonne emittiert wird.*

In Zeile 3: *Der dunkelgrün umrandete Balken zeigt den für unsere (!) Heiztechnik, bzw. unser Wärmeempfinden interessanten (!) Bereich, welcher einer Temperatur zwischen 30 und 80 °C entspricht.*

94

In Zeile 5: Maßgeblicher Wirkbereich der 2- lagigen
ERIFOL® - Ebene
In Zeile 6: Fensterglas ist einerseits durchlässig für einen Großteil
der Sonnenstrahlung. Andererseits liegt Fensterglas auf der Skala
weit links im Bezug zum heiztechnisch relevanten Bereich. Bis zu
Temperaturen von rund 80 °C lässt Fensterglas keine Wärmestrahlung aus dem Gebäudeinneren nach außen passieren, womit prinzipbedingt nur eine einzige Fensterscheibe benötigt. wird. **Jede
weitere Fensterscheibe mindert die Sonnenstrahlung um ca.
10%.** Die lebensnotwendige Sonnenstrahlung wird geschwächt,
wodurch Pflanzen weniger gut wachsen. Auch wir Menschen benö-
tigen das Sonnenlicht, um unseren Körper mit ausreichend Vitamin
D zu versorgen.

Nun sind heute schon Dreifachfenster Standard. Noch viel prekärer
ist, dass es an vielen Häusern praktisch keine Fensterbrüstungen
mehr gibt, sondern nur **Türen.** Immer wieder wird nur durch das U-
Wertbauen so ein „industriefreundlicher" Zustand geschaffen!
Was würden die alten Baumeister zu diesen Türenhäusern sagen?
In diese Wohnungen kommt nie Ruhe und Wohlfühlen, weil überall
Türen nach draußen gehen. Das sind alles Fluchtwege! Das fühlt
der Mensch!

Durch dieses Bauen werden uns ganz fremde Gefühle überge-
stülpt. Ich setze mich sehr gerne an ein Fenster vor die Brüstung
die mir Schutz, Wärme und Geborgenheit bietet.
Was heute in der unübersichtlichen Zeit noch mehr beachtet werden muss, ist der Schutz unserer Kinder!

Kinder sind heute den Gaffern schutzlos ausgeliefert, wenn sie in
ihren Kinderzimmern, spärlich bekleidet rumtollen oder spielen.
Leider kommen seit dem Frühjahr 2020 Dinge ans Licht, die genau
diese Schutzlosigkeit von Kindern in ein sehr trauriges Licht rü-
cken! Forderung! Mindestens Fensterbrüstungen vor Kinderzimmern!

Der Schallschutz spielt beim Fensterbau immer eine Rolle. Da haben sich die doppelten Kastenfenster oder Verbundfenster bewährt.

Text 42: CO2 geführte Lüftung

"CO2- geführte Lüftung - gleichbleibender Luftfeuchtegehalt

Bei winddicht ausgeführten Gebäuden spielt die Lüftung eine große Rolle, um den CO2 - Gehalt der Luft zu regulieren. In konventionell geheizten Gebäuden geht bei hohen Raumtemperaturen im Winter mit jedem Lüftungsvorgang wertvolle Heizenergie und Luftfeuchtigkeit verloren, weil warme Luft mehr Feuchtigkeit bindet. Generell findet während des Lüftens ein Temperatur- und Feuchtigkeitsaustausch statt, wobei die eingeführte kalte Luft wesentlich weniger Feuchtigkeit als die ausströmende warme Luft enthält. Die Feuchtigkeit ist aber für das menschliche Wohlbefinden wichtig.

Trockene Raumluft reizt die Schleimhäute und führt häufig zu Erkältungskrankheiten. Laut einer Studie des RKI (Robert-Koch-Institut) aus den Jahren 2017/ 2018 wird durch zu niedrige Luftfeuchte die Ausbreitung von Grippeviren (Influenza) und dadurch die Gefahr einer Ansteckung und einer oft schweren oder sogar tödlichen Erkrankung erheblich gefördert." (6)

"Beim ERIFOL®-System wird die Raumluft signifikant weniger erwärmt, so dass beim Lüften die Luftfeuchtigkeit weitestgehend erhalten und im anzustrebenden und für Grippeviren "tödlichen" Bereich von 40 bis 60 % verbleibt. Da die Behaglichkeit insgesamt deutlich höher ist, fehlt unter Umständen der Impuls zum Lüften. Daher empfehlen wir eine Überwachung der Räume in Bezug auf den CO2- Gehalt." (6)

Die Menschen werden die gesunde Temperierung einfordern!

Text 43: ERIFOL®-System als ein Schutz vor Radon, Thoron und Hyperschall

"Die in der Reflexionsebene eingearbeitete Schutzschicht bildet eine Barriere gegen eindringende Strahlen von außen und schützt somit gegen erhöhte Strahlenbelastung von Baustoffen und äußeren Einflüssen. Dieser mechanische, innen angebrachte Schutz

erweist sich im Vergleich zur falschen Herangehensweise: "Radon einfach weglüften" als die beste Schutzmöglichkeit und vermeidet Schadensfolgen und lebenslang anfallende Kosten." (6)

Nach Rückfrage bei Volker Hinz fehlt einzig der Schutz durch die Glasscheibe!

Welche Folien können heute all das leisten, was die ERIFOL®-Folie leistet. Heute werden alle Fehler im heutigen Bauen, entweder auf das Nutzerverhalten oder unqualifizierte Handwerker abgeladen. Der GEG (Gebäudeenergiegesetz)- Nachweis ist verantwortlich für das heillose Durcheinander im Hausbau. Der Vergleich mit dem ERIFOL®-System zeigt es ganz deutlich.

8 Anmerkungen zeigen das Chaos:

"a) **Außendämmung:** *Hat nur Nachteile, gehört verboten; Dämmung muss innen sein! s.Prof. Venzmer*

b) **Dachboden:** *Ist zu wertvoll, ihn nicht zu nutzen oder nicht auszubauen.*

c) **Kamin:** *Wer es sich leisten kann, der soll den Rubel rollen lassen, sonst bis auf kurze Nutzungszeit dauerhaft nur Nachteile.*

d) **Sommerl. WS:** *Das Raumklima bestimmt die Wohnqualität! Im Alter frühzeitiger Hitzetod oder künstliche Kühle im Sommer?*

e) **Gesundheit:** *Hyperschall und Radon - Sie werden durch ERIFOL®-System einfach wirkungslos. Wer weiß das schon?*

f) **Flachdächer:** *Sind ja modern, werden physikalisch bedingt garantiert durchfeuchtet und NASS; jedoch nicht mit Erifol®-System.*

g) **Autarkie:** *Je nach örtlicher Situation bestmöglich anstreben, ja sogar > 100% zumindest, daran denken*

h) **Nachhaltigkeit:** *Sondermüll wie bei Dämmung entfällt, graue Energie wird minimiert, Ziel: bestmöglich "creadle to creadle"*

Text 44: Garantiert schimmelfreies System

"Schimmelfreiheit wird auf Grundlage zweier Wirkungsmechanismen garantiert. Beim ERIFOL®-System sind die Oberflächentemperaturen gegenüber der Raumluft grundsätzlich höher. Ein Auskondensieren der Luftfeuchtigkeit an den Innenwandoberflächen wird dadurch ausgeschlossen.
Darüber hinaus: kann Feuchte erst bei 100%-iger relativer Luftfeuchte ausfallen. In Wohnräumen lässt sich dennoch schon ab rund 70- 80% relativer Luftfeuchte ein Auskondensieren beobachten. Dies ist mittels chemischer Prozesse mit katalytisch wirkenden Bestandteilen an den Innenwandoberflächen erklärbar. Durch Vermeidung des Luftaustausches durch Konvektion an der Wandoberfläche wird dieser Prozess gestoppt." (6)

Seit Jahrzehnten entwickelt sich das Handwerk weg vom Handwerk zur Platte. Die Gipskartonplatte oder Mineralwollplatte und eine Folie dazwischen. Jeder Laie wird heute zum "Baufachmann" durch kleine Informationsflyer in den Baumärkten. Haben sie dann auch sofort Ahnung von physikalischen Vorgängen in den Konstruktionen? Keineswegs.
Deswegen stecken schon in den Informationsflyern die Bauschadensfallen und der Bauherr übernimmt diese Informationen im Vertrauen ungeprüft...
Mit dem ERIFOL®-System bekommen sie mit der ERIFOL®-Broschüre alles an die Hand, was zum funktionierenden Bauen gehört. Sogar das Verändern der Heizung wird immer leichter, mit dem "Kunststoffschweißen" ist es kein Hexenwerk mehr.

Text 45: Allergikerfreundlich und Temperaturstressvermeidung

Gerade unsere Kinder sind heute oftmals vielen Allergien ausgesetzt, welche sicherlich nicht alle auf die baulichen Zustände zurück zuführen sind. Wer weiß schon, dass allein über die Heizung sich die Zustände komplett ändern?

"Beim Einsatz von Strahlungswärme und einer maximalen Temperaturdifferenz von 12 Kelvin zwischen Raumluft und umgebenden Flächen wird die Staubaufwirbelung durch thermische Einflüsse

__vermieden.__ Die Luftschicht ruht und ist daher mit weniger Staubpartikeln belastet, folge dessen werden die Atemwege weniger be-, geschweige denn überlastet. Insgesamt werden Atemwegserkrankungen wie Asthma, Reizhusten und weitere erheblich reduziert.

Durch Oberflächentemperaturen im Gebäudeinneren von 21-23 °C, kommt es zu keinem Temperaturstau, d.h. der Körper kann Wärme jederzeit geregelt abgeben. Des Weiteren werden Lympherkrankungen, welche beispielsweise durch zu warme Fußböden hervorgerufen werden, aufgrund geringer Oberflächentemperaturen deutlich reduziert." (6)

Text 46: Autarkie

Wird das ERIFOL®-System objektiv und neutral betrachtet, dann zeigt sich die Grundlage auf, dass es zur Autarkie nur noch ein kurzer Weg ist.

In der heutigen Zeit wird durch das Gebäudeenergiegesetz (GEG) genau und sogar ganz bewusst manipuliert und in die andere Richtung gehandelt. Wir sind sogar der Meinung, dass es eine Wissenschaft von Manipulation ist. Es gibt Manipulationswissenschaftler, deren tägliche bezahlte Arbeit es ist, dass sie Ideen entwickeln, wie die Menschen weiter und ganz sicher übers Ohr gehauen werden können. Es ist schon bemerkenswert, wie die Macht des U-Werts heimlich still und leise ausgebaut wurde. Studierende junge Menschen werden hinters Licht geführt. Sie können kaum erkennen, dass ihr Wissen, Unwissen ist!

Man stelle sich vor, dass bei einer Mehrschichtkonstruktion die einzelnen Schichten, welche jede einen eigenen U-Wert haben, einfach durch Rechnen ein Gesamt-U-Wert heraus kommt. Was dabei komplett außer acht gelassen wird, ist die Physik, welche sich in den, und zwischen den Schichten, in der Konstruktion abspielt.

Literaturverzeichnis:
(1) „Bau-Nutzungskosten" 2006, „Atlas Bauen im Bestand" 2008, herausgegeben vom Institut für Bauforschung e.V. Hannover
(2) Hessler Kalkwerk, www.hessler-kalkwerk.de
(3) Thermoline, thermoline-farben.de
(4) Bauphysikalische Entwurfslehre Bd. 2 von Dr.-Ing. Friedrich Eichler, VEB Verlag für Bauwesen - Berlin 1975
(5) Richtig Bauen, von Prof. Claus Meier, Export-Verlag, Renningen 4.Auflage 2006
(6) Prospekt ERIFOL®-System
(7) www.aero-dry.eu